农业生态实用技术丛书

# 稻－小龙虾
## 综合种养新技术

DAO - XIAOLONGXIA ZONGHE ZHONGYANG XINJISHU

农业农村部农业生态与资源保护总站　组编

陈　灿　黄　璜　主编

中国农业出版社

北　京

# 农业生态实用技术丛书
## 编 委 会

# 本书编写人员

主　　编　陈　灿　黄　璜

副 主 编　张海清　傅志强　梁玉刚

参　　编　廖晓兰　张　亚　任　勃

　　　　　刘小燕　王　华　余政军

　　　　　郑华斌　龙　攀　王　丹

　　　　　唐　倩　隆斌庆　周　晶

　　　　　陈　璐

# 序

　　中共十八大站在历史和全局的战略高度，把生态文明建设纳入中国特色社会主义事业"五位一体"总体布局，提出了创新、协调、绿色、开放、共享的发展理念。习近平总书记指出："走向生态文明新时代，建设美丽中国，是实现中华民族伟大复兴的中国梦的重要内容。"中共中央、国务院印发的《关于加快推进生态文明建设的意见》和《生态文明体制改革总体方案》，明确提出了要协同推进农业现代化和绿色化。建设生态文明，走绿色发展之路，已经成为现代农业发展的必由之路。

　　推进农业生态文明建设，是贯彻落实习近平总书记生态文明思想的必然要求。农作物就是绿色生命，农业本身具有"绿色"属性，农业生产过程就是依靠绿色植物的光合固碳功能，把太阳能转化为生物能的绿色过程，现代化的农业必然是生态和谐、资源可持续、环境友好的农业。发展生态农业可以实现粮食安全、资源高效、环境保护协同的可持续发展目标，有效减少温室气体排放，增加碳汇，为美丽中国提供"生态屏障"，为子孙后代留下"绿水青山"。同时，农业生态文明建设也可推进多功能农业的发展，为城市居民提供观光、休闲、体验场所，促进全社会共享农业绿色发展成果。

农业生态文明思想起源于古老的中国，中国自春秋时期就懂得用地养地的道理以及物理杀虫、人工除草等做法。农牧结合、稻田养鱼、桑基鱼塘等农业生态模式在历史上曾经极大推动了文明和经济的发展。当前，我国农业生态文明建设已进入提供更多优质生态产品以满足人民日益增长的优美生态环境需求的攻坚期，也到了有条件、有能力发展环境友好农业的窗口期。多年来，从事农业生态研究的学者和实践者扎根农业生产一线，按"整体、协调、循环、再生"的原则，围绕农业生态文明建设开展了广泛、系统的实践和研究，探索总结出了丰富多样的应用技术。

为推广农业生态技术，推动形成可持续的农业绿色发展模式，从2016年开始，农业农村部农业生态与资源保护总站联合中国农业出版社，组织数十位业内权威专家，从资源节约、污染防治、废弃物循环利用、生态种养、生态景观构建等方面，多角度、多要素、多层次对农业生态实用技术开展梳理、总结和归纳，系统构建了农业生态知识体系，编写形成了《农业生态实用技术丛书》。丛书中的技术实用、文字简洁、步骤详尽、脉络清晰，技术可推广、模式可复制、经验可借鉴，具有很强的指导性和适用性，将为广大农民朋友、农业技术推广人员、管理人员、科研人员开展农业生态文明建设和研究提供很好的参考。

张福锁

2020年4月

# 前言

　　稻田综合种养技术实现水稻种植和水产养殖两个农业产业的有机结合，利用水稻和养殖动物等物种间的资源互补、和谐共生的循环生态学机理，有效发挥稻田资源的内在潜力，提高稻田生产效率，增加稻田产出效益，减少化肥和农药的用量，修复稻田生态环境，保护稻田自然生产力，达到水稻和水产品同步增产、质量同步提升、农民收入持续增加的目的，从而实现"一水多用、一田多收、稳粮增收、一举多赢"的良好效果，促进水稻种植和水产品养殖两个产业的可持续发展。"稻-虾共作"作为稻田综合种养的主要生产模式，具有"一水两用、一田双收"的特点，即采用在稻田中养殖两季小龙虾并种植一季水稻等方式，在水稻种植期间小龙虾与水稻在稻田中同生共长，取得了良好的社会效益、生态效益和经济效益，推动稻田综合种养进入发展的快车道。实施稻虾综合种养，应以因地制宜原则、市场主导原则、风险可控原则、效益提升原则为基准。若要保持稻虾生产持续发展，必须加强对小龙虾产品的综合利用研究，如饲料加工、调味品加工、虾青素提取利用等，才能确保小龙虾产业的全面发展。稻田养殖小龙虾呈现出新一轮快速发展趋势，应加强管理，做好顶层设计，增加产业链条，促进稻-小龙虾产业的健康持续发展。

本书结合我国稻-小龙虾种养实际情况，从稻田工程设计、放养前的准备、生产管理技术、稻虾复合模式技术等方面进行了阐述，着重介绍了稻-小龙虾种养结合模式及相关的配套技术。定位为服务培训及提高农民、专业户生产技术水平，强调针对性和实用性。对广大基层农技人员、从事稻渔综合种养生产与管理者有帮助和指导作用。本书在编写过程中，参考和引用了不少专家和同行的文献资料，在此表示衷心感谢。由于编者水平有限，书中疏漏之处在所难免，请读者朋友指正并见谅。

# 目 录

前言

# 一、概　　述

稻田综合种养通过"水稻+水产"，实现了"一地双业、一水双用、一田双收"，有利于粮食安全、食品安全和生态安全，符合资源节约、环境友好、循环高效的农业经济发展要求。稻-小龙虾共育有效地节约了水土资源，提高了资源利用率，合理地改善了水稻的生长发育条件，促进了稻谷的生长，实现稻、虾双丰收的目标，具有投资少、收益大、见效快、增粮、增虾、增收节支等优点，是促进农村经济发展、农民增收致富的有效途径。我国适于综合种养的稻田面积有9 000多万亩*，而目前已开发利用的不到2 000万亩，如果稻田综合种养面积翻一番，按每亩平均增收1 000元粗略测算，将实现农民增收200亿元以上，对增加优质农产品供给、推动农业供给侧结构性改革具有重要意义。

## （一）稻田生态种养的意义

稻田综合种养是指利用稻田的浅水环境，辅以人

---

\* 亩为非法定计量单位，15亩＝1公顷。

为的措施，既种植水稻又养殖水产品，使稻田内的水资源、杂草资源、水生动物资源、昆虫以及其他物质和能源更加充分地被养殖的水生生物所利用，并通过所养殖的水生生物的生命活动，达到为稻田除草、除虫、疏土和增肥的目的，获得稻和所养殖的水生生物互利双增收的理想效果。

稻田综合种养具有"不与人争粮、不与粮争地"的优点，是将水稻种植与水产养殖有机结合，实现"一地多用、一举多得、一季多收"的现代农业发展模式，对于加快转变农业发展方式，促进农业和农村经济结构调整与优化，为社会提供优质安全粮食和水产品，提高农业综合生产能力，具有十分重要的意义。①节省劳动力和生产支出，增加了效益。稻田养殖的鱼、蟹、虾、鸭等可以清除稻田中的杂草、害虫，可减少施投农药的劳力及费用的支出，降低了生产成本。②实施稻田综合种养新技术，减少了化肥的使用量，促进了有机肥和微生物制剂的使用，不仅增加了土壤有机物的含量，增强了土壤的肥力，而且减少了农业的面源污染，改善了农业生态环境。③产品为无公害的绿色食品或有机食品。鱼类等水产品对农药十分敏感，为确保稻田内小龙虾的生存，通常均不用农药，特别是稻田种养技术成熟地区，也不用化肥，这就大大降低了稻田产品农药的残留，生产出无公害的绿色食品、有机食品，对提高水稻和水产品的食用安全和品质等方面都会产生巨大的影响。④符合农业可持续发展战略和现代农业的发展需求。稻田综合种养是名副其实的资源节约型、环境友好型、食品安全型的生产模式，不仅社会效益、经济效益明显提高，而且生态效益显著。

稻田生态种养可实现"一地双业、一水双用、一田双收"，在为城乡人民提供高品质的农产品同时，又增加了广大农民的收入，是农业调结构转方式的新探索。湖南、湖北、江西、四川、福建、黑龙江等地的生产实践证实：稻田养鱼促进水稻增产，一般养鱼稻田每公顷能增产5% ~ 10%（25 ~ 50千克），按此百分比估计，如果开发利用全部宜渔稻田，则全国养鱼稻田每年可增产稻谷 $1.56 \times 10^5$ ~ $3.12 \times 10^5$ 吨，具有显著的生产效益和经济效益。

我国是一个农业大国，农业文明源远流长，在长期的农业生产实践中形成了丰富多彩的农业文化遗产，稻-鱼共生系统就是一个典型的例子。稻-鱼共生生态农业文明是我国传统农业的精华，也是我国首批入选的全球重要农业文化遗产。2005年，浙江省青田县的稻-鱼共生系统被联合国列为全球重要农业文化遗产；2011年，贵州省从江县侗乡稻-鱼-鸭共生系统也被列为全球重要农业文化遗产。稻-鱼共生系统利用生物与环境的耦合，进行物质能量循环，使得稻鱼互利共生，通过改变农田湿地生物结构而提升稻田生态系统功能，极大地提高稻田的产出和提升农产品质量。近几年来，由于市场经济的刺激和农业科技工作者的勇敢探索，创新稻田生态种养模式，并加以合理改革，从而极大地丰富了传统稻田养鱼理论的内涵，形成了稻田生态渔业利用的现代稻田养鱼理论新框架，带动了水稻种植技术与水产养殖技术的又一次革命。在稻-鱼共生模式基础上衍生的稻-鱼-萍、稻-鸭-萍、稻-泥鳅-鸭、稻-虾-鳖、稻-鳖-鱼、稻-泥鳅-蛙、虫-鱼-鸭-稻等多种复合生态种养模式。在现代农业和科学技术飞速发展的今天，生态农业已成为农业发展的主导模式，对传统农业稻田养鱼的创新发展显得尤为重要和紧迫。运用现代农业技术进行创新丰富和传承稻鱼文化，对稳定粮食生产、促进农业的可持续发展、减少农业面源污染、提升我国现代农业技术具有重要的理论意义和实践价值。

随着稻田养鱼规模的不断扩大和生产水平的逐步提高，稻田养鱼产生的效益愈来愈显著，既有可观的经济效益，又有很好的社会效益和生态效益。稻田养鱼促进了粮食的稳定增产。实践证明，凡是稻田养鱼发展较快的地区，粮食也在同步增长。经过近些年来的发展，我国稻田综合种养取得了显著的成效，并在全国各地得到推广应用，建立起了一批稻田综合种养的核心示范区，同时辐射带动示范地周围区域的发展；完善稻田综合种养相关模式技术配套，有效发挥了稻田综合种养在稳粮促渔、提质增效、生态环保等方面的作用，为增加农民收入、改善农业生态环境探索出了农业可持续发展的一条新道路。大力推广现代稻田养鱼新技术具有广泛而深远的意义。

# （二）稻-小龙虾生态种养的历史与发展

克氏原螯虾俗称淡水小龙虾，简称小龙虾，隶属于节肢动物门甲壳纲十足目螯虾亚目螯虾科原螯虾属。克氏原螯虾（以下简称小龙虾）是淡水螯虾家族中的一个中小型种类，也是世界上分布最广、养殖最多的淡水螯虾，它不仅是鱼类和高等水生动物的优良饵料，也是人类的美味食品，在水环境中，小龙虾对于能量转换和生态平衡还起着十分积极的作用。

## 1.稻-小龙虾种养历史

小龙虾是淡水经济虾类，为外来引进物种。小龙虾喜欢生活在水体较浅、水草丰盛的湿地、湖泊和河沟内，繁殖季节喜掘穴。小龙虾原产北美洲（美国和墨西哥等国）。1918年日本将小龙虾作为牛蛙的饵料从美国引进，并在日本大面积地繁衍和扩散。1938年，小龙虾从日本传入我国。从20世纪70年代开始小龙虾在江苏省南京市以及郊县繁衍，随着自然种群的扩展和人类养殖活动的开展，缓慢发展。1974年，湖北省就由武汉市汉口养殖场从南京引进小龙虾开始试养。由于市场的原因，一直以来我国小龙虾的人工养殖没有形成气候。近些年许多省、市、自治区纷纷从湖北、江苏引进小龙虾试养，但多数都是人工放流养殖方式，市场辐射区域相当有限。2005年，随着安徽第一个施行在4月之前禁止捕捞野生小龙虾的开始，全国野生小龙虾资源已渐枯竭的警报已经拉响。同年6月28日据《北京晚报》报道，每年仅首都市场对小龙虾的需求量即达上万吨，且货源奇缺，有价无货，而供货渠道仅靠野生小龙虾，只能满足市场需求的十分之一，推广、发展小龙虾人工养殖已刻不容缓。鉴于此，农业部、科技部有关单位已将小龙虾人工养殖申报"星火科技"发展计划，获取强势产业优化政策扶持。湖北省潜江市在省水产科研所的指导下，开展了稻-虾连作试养，取得了较好的经济效益。湖北省荆门市从2005年开始大规模养殖小龙虾，2005年荆门市在池塘、稻田、沼泽地等水体养殖小龙虾，面积达3万亩。2006年荆门市的小龙虾养殖面积达5万亩，仅稻-虾连作、稻-虾轮作、稻-虾共生3种模式的养虾面积就达3万亩，发展极为迅速。目前，湖北、江苏、安徽、北京等少数省（市）人工养殖小龙虾已形成热潮。小龙虾在长江中下游地区生物种群量较大，其主要养殖区域在湖北、江苏、湖南等养殖水域发达地区。在小龙虾最初发展阶段主要利用精养塘养殖小龙虾，能够获得不错的效益。随着小龙虾消费需求越来越大，市场潜力进一步得到开发，很多地区开始利用稻田养殖小龙虾，虾-稻共养模式充分利用稻田资源，达到水稻、小龙虾双丰收，提高了质量，增加了经济效益。

## 2.稻-小龙虾种养发展

小龙虾现广泛分布于我国20多个省、自治区、直辖市，尤在湖北、江苏、安徽、北京等少数省份人工养殖小龙虾已形成热潮。2014年我国小龙虾总产量60万吨。特别是江苏省因发展小龙虾的养殖形成了"龙虾节"，开发了"盱眙龙虾"品牌，创新出"十三香"小龙虾。盱眙被誉为"中国龙虾之都"，利用稻-虾共作模式打造的稻虾产业链，已成为盱眙现代农业的主要支柱。根据2016年中国品牌价值评价信息发布会的评定，"盱眙龙虾"的品牌价值达到169.91亿元，位居淡水类水产榜榜首。随着稻虾产业的迅猛发展，在长江流域已逐步形成了小龙虾产业。

由全国水产技术推广总站组织专家编写的《中国小龙虾产业发展报告（2017）》，全面介绍了我国小龙虾产业的发展现状。①在养殖规模上，我国已成为世界最大的小龙虾生产国。我国小龙虾养殖面积和产量持续快速增长。2007—2016年，全国小龙虾养殖产量由26.55万吨增加到85.23万吨，增长了221%；全国小龙虾养殖面积超过900万亩。2016年，我国小龙虾总产量为89.91万吨（含捕捞产量），已成为世界最大的小龙虾生产国。②小龙虾的生产产区集中于长江中下游。湖北、安徽、江苏、湖南、江西等5个主产省份小龙虾产量占全国总产量的95%左右。其中，湖北省养殖规模最大，2016年小龙虾养殖面积487万亩，产量48.9万吨，占全国近6成。近几年，湖南省养殖规模增长较快，四川、重庆、河南、山东、浙江、广西等省份小龙虾养殖也逐步发展，养殖区域逐年扩大。③已形成从养殖到运输加工到最终消费的完整产业链条。我国小龙虾产业发展始于20世纪90年代初，从最初的"捕捞＋餐饮"逐步向小龙虾养殖、加工、流通及旅游节庆一体化服务拓展，形成了完整的产业链条。在小龙虾产业链中，第一产业以小龙虾养殖业为主，第二产业以小龙虾加工业为主，第三产业为以市场流通、餐饮服务、节庆文化、休闲体验为主要内容和表现形式的服务业。据统计测算，2016年小龙虾产值564.10亿元，经济总产值1 466.10亿，全产业链从业人员近500万人。其中，以养殖为主的第一产业产值564.10亿元，以加工为主的第二产业产值102亿元，以服务为主的第三产业产值800亿元，分别占小龙虾经济总产值的38.48%、6.96%和54.57%。仅从产值来看，2016年，湖南小龙虾综合产值近40亿元，而湖北接近700亿元，江苏仅盱眙一个县就突破100亿元。④消费市场。国内消费：主要集中在大中城市，以餐饮和加工为主，且呈快速增长态势；小龙虾餐饮受到国内消费者特别是年轻一代的青睐，消费群体扩大、时间延长、品种增加，餐饮消费市场呈现爆发式增长态势；小龙虾加工消费保持稳定；小龙虾的国内消费市场主要集中在华北、华东和华中地区大中城市，北京、武汉、南京、上海、合肥、杭州、常州、无锡、苏州、长沙等城市年消费量均在万吨以上。出口贸易：我国小龙虾出口市场主要集中在美国和欧洲，占小龙虾出口市场比重的80%以上。⑤小龙虾市场价格随季节波动。小龙虾的生产供给季节性特征明显，市场价格随上市供给量变化而波动。根据2014—2016年小龙虾批发价格和出塘价格看，小龙虾价格逐年提高，价格呈季节性波动，每年的6～7月上市旺季期间价格最低，冬春季上市淡季期间价格走向峰值。

## （三）稻-小龙虾生态种养耦合的前景与发展对策

在现代养生理念的驱使下，人们对小龙虾的价值有了越来越深刻的认识，食用小龙虾的人也日趋增多。随着人们对小龙虾开发力度的逐渐加深，小龙虾越来越深受大家的喜爱，它已成为现代人餐桌上不可或缺的一道美味佳肴，而且在旅行中它也方便携带，就连它的废弃物也能开发出极高的附加值产品，因而小龙虾产业在现代农业经济中发挥的作用日益增大。不仅如此，小龙虾还以其独特的饮食文化和丰富的药用价值，深受国内外消费者的青睐。随着我国淡水养殖的小龙虾畅销欧美等国际市场，国内小龙虾养殖、经销、加工、出口等产业得到快速发展，许多省区的市县形成了养殖、加工、对外销售和生物化工生产一条龙的小龙虾经济发展链。近年来，各地区政府顺应市场需求，提出了发展高效生态农业的新战略，一些地方利用自身的温光条件、气候资源、水资源等优势，大力发展稻-小龙虾生态农业，初步形成了"政府扶持引导、龙头企业带动、基地养殖配套、协会统一协调、品牌拓展市场"的产业化思路和创新发展模式，向独具特色的水产产业化发展之路迈进。高效生态农业战略的实现，为农民增收开辟了广阔的空间。各地应客观对小龙虾产业的发展进行深入的研究，正确认识当今小龙虾产业发展的现状，找准小龙虾产业发展中存在的问题和原因，因地制宜地提出本地区小龙虾产业发展的战略和措施，对带动小龙虾生态种养产业的发展具有积极的意义。

小龙虾具有适应力强、繁殖率高、食性杂、生长快、养殖风险小等特点。虾肉细嫩，营养丰富，蛋白质和矿物成分含量高，含人体必需的8种氨基酸，而脂肪含量较低，并含较多的原肌球蛋白和副肌球蛋白，可食部分较高。小龙虾的头、壳、足含许多有用的成分，可做食品添加剂和调味品，还可提取虾壳素，用于食品、医药、化工等行业。近年来，小龙虾消费市场一直火爆，因其肉味鲜美、价格适宜而深受国内消费者喜爱，出口量也日渐增加，目前我国的小龙虾已销售欧美、东南亚、澳洲等国家和地区，销售和收购价格不断上升，养殖前景和效益均看好。稻-虾共作模式翌年养殖两季小龙虾，小龙虾为稻田除草、松土、增肥，稻田为小龙虾供饵、遮阴、避害，种养结合的模式下亩产小龙虾150千克、水稻400千克以上，每亩纯收益4 000元以上，实现了"一水两用、一田双收、一稻两虾"，有效提高了农田利用率和产出效益。并且在小龙虾生长过程中，不使用化学肥料、农药，真正产出优质、绿色的小龙虾和稻米。在发展稻-虾共作基础上，可通过延长产业链、增加附加值、打响特色牌，实现促农增收、绿色可持续发展。目前，在我国长江流域各省区的许多地方，稻-虾共作发展模式催生了一大批销售加工、餐饮、电商等企业，从事小龙虾关联产业达上千万余人。

据相关资料分析，即可种稻又可养鱼的稻田近20%，按此百分比估算，全国宜渔稻田为 $6.24 \times 10^6$ 公顷。1982—2009年，稻田养鱼开发利用面积最高为 $2.18 \times 10^6$ 公顷，其开发利用率至今不超过35%，可见，我国稻渔模式生态渔业可开发利用稻田的资源丰富，前景广阔。按照联合国《千年生态系统评估报告集》对生态系统服务功能的分类，特别将稻渔模式生态渔业系统主要服务功能分为供给服务、调节服务和文化服务，因此发展稻渔种植业生态模式既是国际社会推崇的一种趋势，也是将生态效益、经济效益、社会效益有机统一的低碳健康养殖模式。发展稻渔综合种养是推动农业转方式、调结构的重要举措，是实现农业可持续发展的有效途径，对增加农民收入、稳定粮食生产、保障产品安全、促进产业融合等具有重要的作用。

# 二、稻田工程设计及放养前的准备

　　稻田种养结合是一种高效生态农业生产模式，可以充分利用光、热、水、土、肥、种等自然资源，最终形成人们所需求的优质稻米和名优水产品等物质财富，使生态效益、经济效益和社会效益最大化。在规划稻田养殖时，必须掌握基本条件，做好田间工程建设及放养前的准备工作。在稻田里养殖淡水小龙虾，是利用稻田浅水环境和冬闲期，辅以人工措施，种稻养虾，形成季节性的农牧渔种养结合栽培模式，以提高稻田单位面积效益的一种生产形式。要获得稻、小龙虾双丰收，必须两者兼顾，同时保证水稻和小龙虾的共存良好生长。进行田间工程建设，是稻-小龙虾种养结合的基础。对养小龙虾的稻田进行合理的田间工程建设，是最主要的也是直接决定养虾产量和效益的一项工程，千万不能马虎。首先，通过对稻田改造，开设围沟和田间沟，加固加高田埂，提高水位，以改善稻田种养生态条件，增加小龙虾的活动空间，并改善水稻通风条件，减少水稻病害发生；建立稻田良性循环的生态体系，提高生产效益。其次，设置好进、排水设施及防逃设施。最后，做好稻田小龙虾放养前的准备工作，如清沟消毒、施肥植草、注水投螺等。

稻-小龙虾种养虽有不同的模式，但在小龙虾苗种放养前均要做好稻田选择、围沟开挖、清田、解毒、施肥种草、准备虾苗、消毒等多项工作。

## （一）养虾稻田选择

用于养殖小龙虾的稻田应选择不受旱灾、洪灾影响，水源充足、水质清新、没有污染、土壤肥沃、保水性能好、进排水方便，且周边环境安静、阳光充足的田地。稻田面积通常以20亩及以上为一个养殖单元，形成规模，以便于成套管理。

养虾稻田要有一定的环境条件才行，不是所有的稻田都能养虾，一般的环境条件主要有以下几种。

### 1.地理环境

养虾稻田宜在海拔300米以下区域，以低洼或平地稻田为宜。田块生态环境应良好，远离污染源，有毒有害物质限量符合农产品安全质量要求。

### 2.田土

稻田土壤必须是壤土或黏土，不能是沙土，要求土质肥沃，腐殖质丰富。由于黏性土壤的保持力强、保水性能好、渗漏力小，因此这种稻田用来养虾效果较好，而矿质土壤、盐碱土以及渗水漏水、土质瘠薄的稻田均不宜养虾。

### 3.水质

养殖小龙虾的稻田要求选择在水质清新、水源充足、进排水方便且无污染的地方，做到雨季水多不漫田、旱季水少不干涸。养殖小龙虾稻田的水质应符合《渔业水质标准》（GB 11607）和《无公害食品－淡水养殖用水水质》（NY 5051—2001）规定的要求。

### 4.面积

稻田面积应因地制宜，但以大于20亩为最好，这样可以减少间接费用。面积少则几十亩，多则上百亩都可。面积大比面积小更好，主要是便于集中管理和节约劳动力成本。

### 5.其他条件

宜选择地势开阔平坦、避风向阳、环境安静的稻田，要求田埂比较厚实，稻田周围没有高大树木，桥涵闸站配套，田块要通水、通电、通路。同时，确保田块保水能力较强，农田水利工程设施要配套，有一定的灌排条件，低洼稻田更佳。

## （二）养虾稻田改造

用于稻-虾共作的稻田，需要做一些基础改造，即搞好田间工程。工程的设计主要包含挖沟、筑堤、架防逃围栏等环节。稻田改造前要暴晒稻田数日，用生石灰等消毒剂全田泼洒消毒。根据田间面积大小，将田开挖成"口"字形、"田"字形、"日"字形或"目"字形虾沟。虾沟主要分为围沟（即环形沟）和田间沟。围沟是养虾的主要场所，田块面积较大的（大于50亩），还要在田中间开挖田间沟，田间沟又称畦沟，主要供虾苗出入稻田觅食隐蔽用，一般视田块大小，在田中开挖几条或多条横沟（田间沟）与田边围沟相通。养殖沟坑占比不超过总种养面积的10%标准来实施。

## 1.稻田工程建设

稻田养殖小龙虾时田间需开挖虾沟，虾沟包括围沟和田间沟，一是提高小龙虾秋冬掘洞概率，保证翌春获得足够的小龙虾苗种；二是便于放水、烤田、施药，不至于伤害龙虾，使秋冬季有一定的亲虾存量，以减少虾种投放数量和成本。

围沟在小龙虾养殖中的主要作用，第一，围沟能够蓄水，由于稻田蓄水能力有限，水浅会造成稻田中的小龙虾对于气温变化的抵抗力变得很差，而一旦水温变化超过2℃以上，小龙虾即会因水温产生应激反应，水温变化超过5℃以上，小龙虾应激反应会相当剧烈，死虾情况会很厉害，特别是夏季温度对小龙虾的影响较大。通过挖围沟的形式蓄水，使虾田整体需水量增大，可有效缓冲气温陡变引起的水温变化，使水温变化相对变缓，这样可以减轻小龙虾因水温变化而产生应激反应的剧烈程度，从而减少死虾损失。第二，围沟有利于夏季之后小龙虾的保种，这个阶段由于需要排掉稻田厢面的水种植水稻，此时小龙虾就会被赶到围沟中，然后进入夏秋季的繁殖期。第三，冬季围沟中保持一定的水深，有利于小龙虾的越冬。因此，围沟的作用非常重要。相对而言围沟开挖越宽对养虾越有利；而对于沟深，建议 1.2 ～ 1.5 米，过浅不利蓄大水，且可能会造成土方不够堤坝筑不起来，过深则会造成沟底部溶氧缺乏。

田间沟是小龙虾进入稻田的主要通道，也是小龙虾在稻田中因水稻种植、烤田、施肥、施药时躲避和回游到围沟的场所，也是夏季高温时小龙虾栖息隐蔽的场所（夏季稻田水稻封行后，围沟如没有进行遮阴或栽植水草，小龙虾主要在田间沟中活动）。

虾沟可在插秧前或收割后开挖，其开法应视田块的形状、面积大小和排水口的方向而定。如水稻田较小，只开设围沟，即"口"字形沟；如水稻田较长且面积较大，可开成内"十"字形、"井"字形或"川"字形，沟的宽和深分别以 0.5 ～ 0.6 米为宜。

（1）挖沟。利用小型挖掘机沿稻田田埂外缘向稻田内 5 ～ 6 米处开挖环形沟（图 1、图 2）；稻田面积超过 50 亩（包括 50 亩），还要在田中间开挖"十"字形或"川"字形田间沟（图 3）。

图1 挖掘机沿田埂开挖围沟

图2 养殖稻田开设围沟

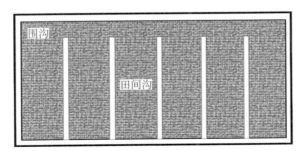

图3 稻-虾共作，虾沟包括围沟和田间沟
（图中田块面积为50亩）

　　开挖围沟（稻田环形沟）：为了不过多占用水稻实栽面积，最好选择30亩以上的稻田，选好后，沿稻田四周离田埂内侧2～3米处开挖环形沟。堤脚距沟2米，沟面宽（上口宽）3～5米，沟底宽（下口宽）约1米，沟深1～1.5米（图4）。田边环形沟不封闭，在靠近道路一侧留一条4～5米宽的路不挖通，方便旋耕机、收割机等机械进入田间（图5）。

图4　50亩以上稻田连片开挖的养殖围沟
（围沟宽3～5米，深1～1.5米）

图5　田边围沟不封闭，有连通进入田中的机耕道

开挖田间沟：稻田面积达到50亩以上，还要在稻田中间开挖"川"字形或"十"字形的田间沟。田间沟宽约1米，沟深约0.6米（沟的布局以不影响机器耕作和收割为准），坡度比为1：1.5。考虑到田间沟不利于稻田的机械作业，因此田块面积小的（50亩以下）可以不挖。但养虾稻田均需在稻田中间平台外围修建小土埂，即围沟的内堤上沿做20～30厘米高的子堤（图6），其作用是旋耕整田时防止田面土壤掉入围沟中，同时以便插秧后秧田蓄水。

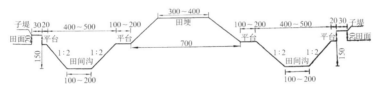

图6　稻-虾共作田间工程建设横断面示意图
（图中的尺寸为厘米）

环形沟和田间沟的面积一般不能大于稻田总面积的20%，否则会影响水稻的产量；也可不受此限制，如适当加大养殖围沟的面积，也增加了小龙虾的放养量，虽然种稻面积减少了，但虾的产量却升高了，总效益不会减少，有时还会增大，可以具体情况具体确定。

围沟、田间沟等稻田工程建设，一般在收割完中稻或晚稻后进行，早春（1～2月）完成，以便于水草的栽种。

（2）加高、加宽、加固田埂。小龙虾具有冬夏两季挖洞穴居的习性，所以要求养殖稻田的田埂结实坚固，不裂、不漏、不垮，遇到大雨不容易淹没和冲塌。同时，为了保养养虾稻田达到一定的水位，增加小龙虾活动的立体空间，防止小龙虾逃逸，亦须加高、加宽、加固田埂。可利用开挖环形沟挖出的泥土加固、加高、加宽稻田的外围田埂。田埂加固时每加一层泥土都要进行打紧夯实，以防渗水或暴风雨使田埂坍塌。

筑堤：堤坝分为内堤和外堤，其中外堤是为了蓄水、防洪、防逃及小龙虾打洞之用（图7）；内堤主要是方便在种植水稻期间将稻田与围沟分隔开，另外内堤也有助于小龙虾打洞。筑堤要求：①外堤高

图7　围沟外堤加高、加固，围沟消毒施肥移植水草后灌水

度。要求外堤高于中间平台（种植水稻的厢平面）0.6～0.8米，主要是方便蓄水，因为在南方4月之后的梅雨季节期间，平台中的水位会升至0.5～0.8米。②外堤宽度。建议埂基宽5～6米，顶部宽3～4米（方便机械出入）。③内堤高度。内堤高于田面0.3～0.4米即可。同样，内坡要紧实平整。④内外堤坡度比。养殖围沟要求挖斜坡，沟堤坡度比为1：（1.5～3）为宜（图8），主要是避免小龙虾打洞把堤埂打塌。

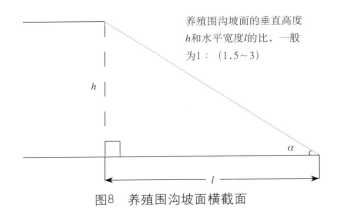

养殖围沟坡面的垂直高度$h$和水平宽度$l$的比，一般为1：（1.5～3）

图8　养殖围沟坡面横截面

筑埂：直接利用开挖环形沟和田间沟挖出的泥土加固、加高稻田平台周边的田埂。可将开挖环形沟的泥土垒在田埂并夯实，养虾稻田四周的田埂应加宽、加高并加固压实到高30～40厘米、宽约50厘米的小土坝（图9）。筑埂可避免引起田埂塌陷和水土流失，造成围沟和田间沟淤塞，同时可使田中保水30厘米以上。

图9 在稻田平台的周边加高、加固田埂
（养殖围沟内缘设置田埂）

（3）平整田面。挖沟所得土壤除用于筑堤、筑埂外，多余土壤均匀散布于水稻种植区内，平整田面。

2.进排水设施

稻田养虾必须做到从进水沟单独进水，向排水沟单独排水，使小龙虾在相对稳定的水体中生长。养虾用水最好和农田用水分开，单独建设进水渠道。养虾稻田要设置好进水口和排水口，进水口和排水口分别位于稻田两端，必须成对角设置，进水渠道建在稻田一端的田埂上，排水口建在稻田另一端环形沟的最低处，由PVC（聚氯乙烯）弯管控制水位，按照高灌低排的格局，保证水灌得进、排得出（图10）。进水口和排水口须用人工设置2～3道铁丝网或尼龙网作滤网（滤网一般以6～8目*为宜）围住，防止小龙虾外逃和其他有害生物进入。进水口、排水口的防逃网应为8孔/厘米（相当于20目）的网片。为了便于生产管理和日常投饵，一般以排水渠间区域为一个养殖区块。

图10　在新开设的围沟中安装好独立的进排水设施
（白色管为PVC弯管）

---

　　*　筛网有多种形式、多种材料和多种形状的网眼。网目是正方形网眼筛网规格的度量，一般为每2.54厘米有多少个网眼，名称有目（英国）、号（美国）等，且各国标准也不一样，为非法定计量单位。孔径大小与网材有关，不同材料的筛网，相同目数网眼孔径大小有差别。

### 3.设置防逃设施

防逃围栏的作用顾名思义就是为了防止小龙虾逃走，小龙虾出现逃离主要有两个原因：一是水体环境污染导致缺氧，造成小龙虾逃离；二是食物缺乏，也会造成小龙虾逃离。

从一些地方的经验来看，有许多农户在稻田养殖小龙虾时并没有在田埂上建设专门的防逃设施，但产量并没有降低，所以有人认为在稻田中可以不需要防逃设施，这种观点有失偏颇。其原因主要有：一是因为在稻田中采取了稻草还田或稻桩较高的技术，为了小龙虾提供了非常好的隐蔽场所和丰富的饵料；二是与放养数量有很大的关系，在密度和产量不高的情况下，小龙虾互相之间竞争压力不大，没有必要逃跑；三是养殖户都没有做防逃设施，小龙虾的逃跑呈放射性，小龙虾跑进跑出的机会是相等的，所以养殖户没有感觉到产量降低。因此，要进行较高密度养殖，取得高产量高效益，很有必要在田埂四周搭建防逃设施。

养殖稻田的四周（养殖围沟的外堤）设置防逃墙（图11、图12）。可在田埂顶靠内侧位置用水泥瓦或加厚光滑塑料膜或钙塑板作为材料围起封闭式防逃墙。防逃墙露出地面高约40厘米，其下部埋入土下20厘米，每隔2～3米用木桩或竹竿支撑固定防逃墙下端，上端用铁丝或尼龙绳固定即可。稻田四角转弯处的防逃墙要做成弧形，以防止小龙虾沿夹角攀爬外逃。如用尼龙网布作防逃网，则网布上部内侧缝宽度为30厘米左右的钙塑板形成倒挂，以防小龙虾逃逸。目前，多数农户使用的防逃网，是由一层密网加一层塑料膜共同构成，能有效防止小龙虾逃逸。

图11　小龙虾苗种的人工繁殖池设置防逃墙

图12　稻-虾共作田设置防逃墙

# （三）稻田小龙虾放养前的准备

苗种放养前的准备包括对虾沟和大田进行冻、晒、消毒及施肥植草等工作。完成土方工程后，大田中先注水泡田一个月，以消除药残的危害。稻田排水后施入150千克/亩生石灰清田，一周后投放生物培养基200千克/亩，同时在围沟中栽植水草（以伊乐藻、轮叶黑藻、蓖草为主）。水稻栽插前，按常规方法处理稻田，灌水，2～3天后放水，再用茶饼（粕）、生石灰或漂白粉对大田养殖围沟进行消毒。稻田小龙虾放养前，具体准备工作如下。

## 1.清沟消毒

放苗前10～15天进行清沟消毒。将环形沟和田间沟中的浮土清除，对垮塌的沟壁进行修整。然后撒施生石灰60～80千克/亩，对环形沟和田间沟进行消毒，之后方可施肥、植草、注水。

（1）新挖稻田消毒。新开挖的稻田，须对田体和围沟消一遍毒，主要是为了减少病原物。稻田中的野杂鱼和黄鳝不但会危害虾苗，而且对饲料的抢食率较高，因此必须加以清除。田间养殖沟消毒一般使用生石灰、茶饼（粕）、漂白粉或虾蟹专用清塘剂清除。虾苗投放前10～15天，排干田水，每亩虾沟用生石灰约80千克或茶粕15～20千克对水搅拌均匀彻底清沟消毒，杀灭黑鱼、黄鳝等有害鱼及小杂鱼，清除敌害。消毒时，应对稻田和养殖沟进行分散均匀泼洒消毒剂，因为生石灰浆很容易泼洒不均匀，极易造成养殖沟内局部碱性过高，导致局部区域水草难以存活。稻田养虾时，使用茶粕清沟具有其他药物不可取代的功效，效果更佳。

生石灰清田、清养殖沟：生石灰具有来源广泛、价格比较便宜、使用方法简单的优点，一般按水深10厘米，每亩水面用生石灰约70千克。生石灰需要现用现溶，溶化后趁热全沟泼洒。用生石灰清养殖沟的好处是，既能提高水体的pH，又能增加水体的钙元素含量，有利于小龙虾生长、蜕皮。用生石灰清沟，一般7～10天后药效就基本消失，此时即可放养小龙虾苗种（放养小龙虾前最好用少量小龙虾试水）。

茶粕清塘、清沟：茶粕又称茶籽饼，呈紫褐色颗粒，是山茶科植物的果实榨油后剩下的渣滓。茶粕含有皂素（皂角苷），是一种溶血性毒素，能使鱼的红细胞溶解，故能杀死泥鳅等各种野杂鱼类、螺蛳、河蚌、蛙卵、蝌蚪和一部分水生昆虫。皂素易溶于碱性水中，使用时加入少量石灰水，药效更佳。由于茶粕的蛋白质含量较高，因此它还是一种高效饼肥，对淤泥少、底质贫瘠的田沟可起到增肥作用。使用茶粕作为清塘、清沟药物，比其他药物具有更独特的功效。一是茶粕为一种绿色药物，无毒性残存，对人体无影响，使用安全。二是茶粕不杀死水草且对水草有促长效果。三是茶粕对虾、蟹幼体无副作用，并可促进虾、蟹蜕壳。四是茶粕具有增加肥效的作用，在繁育虾苗和培育幼蟹的池塘使用，可明显提高虾苗和幼蟹的出塘率。五是茶粕在适宜光照、水温、盐度、pH环境下及细菌分解作用下，可培养丰富的浮游生物为成虾提供大量饵料。但茶粕忌潮湿发霉，一旦变质，即失去药理功能，茶粕须干燥通风保存。茶粕的使用方法及用量：茶粕清田、清沟时一般带水清田、清沟消毒。茶粕使用前必须浸泡24小时才可全池泼洒，其用法是先将茶粕敲碎，用水浸泡，在水温25℃时浸泡24小时，使用时加水稀释后连渣带汁全池泼洒，用量为每亩水面每米水深用20～30千克，为了提高药效，使用时每50千克茶粕加1.5千克食盐和1.5千克生石灰（生石灰溶化混合使用）。或每立方米水体用茶粕15～20克，先用水浸泡1～2小时，再加上50克生石灰对水成石灰乳后进行混合后泼洒全沟。清沟10天后，即可放养小龙虾苗种。

漂白粉清沟、清塘：清塘用药量为漂白粉（有效氯含量30%）20毫克/升，使用时用水稀释后立即全池泼洒。泼洒时，应从上风向向下风向泼洒，以防药物伤及操作者的眼睛和皮肤。漂白粉的药效残留期为5～7天，毒性消失后即可移栽水草，然后放养小龙虾苗种。

（2）第二年养殖小龙虾的稻田消毒。建议将田体厢面平台水排干后暴晒一个月左右，至田里出现3～4厘米宽的裂缝。待围沟中的小龙虾诱捕完毕或采取人为隔离后，建议按照每亩水面每米水深10～15千克的茶粕用量，杀灭水体中的野杂鱼，此时需要注意茶粕或清沟剂的用量，因为茶粕或清沟剂超量后，会对小虾苗有毒害作用。也可每亩用150～200千克生石灰对水溶化成浆后趁热全沟均匀泼洒，清除野杂鱼。消毒后10天栽植伊乐藻到沟、田之中，每隔2～3米栽植一簇，以星状分布。

此外，使用生石灰、敌百虫或者氯制剂进行清田后放虾苗前换水2～3次，可全田泼洒特效解毒剂（硫代硫酸钠），配合使用定向培藻素（如腐殖酸钠、氨基酸培藻素等）及少量的活性芽孢乳或芽孢杆菌，不但可以快速缓解水体中残留的农药以及消毒剂残留，并且可以快速培养起硅藻、绿藻等优质单细胞藻类，为虾苗提供适宜的开口料。

### 2.施肥

在小龙虾苗种投放前应先培养丰富的藻类，打造一个良好的环境，减少小龙虾苗种投放时的应激反应。待消毒药物毒性消失后，施肥培育饵料生物。通常施农家肥、施腐熟的畜禽粪肥，用量为500～2 000千克/亩，一次施足（农家肥肥效慢、肥效长，对小龙虾的生长无影响）。最好将肥料施入环形沟、田间沟土中10～20厘米，施入的肥料可作为水草基肥，有利于水草快速生长，同时可以培育出大量的底栖生物作为小龙虾的天然饵料。或水稻秧苗移栽前一周，每亩施用优质生物有机肥200～500千克，施肥后对稻田进行旋耕，将残留的水草和肥料旋入表层泥土中作为水稻的肥料。也可采用有机肥结合无机肥（化肥）实用的方法，一般施复合肥10～15千克/亩、碳酸氢铵10～15千克/亩、腐熟的畜禽粪肥300～500千克/亩。

### 3.植草

可采用栽插法、抛入法（浮叶植物）、播种法（种子发达的植物，如苦草）、移栽法（挺水植物）、培育法、捆扎法等进行植草。植草前须用1%生石灰溶液浸泡10分钟，以杀灭水草中的有害物质及病原体。水草的栽种主要在虾沟消毒5天后或施肥完成后进行，保证在虾种放养前7天完成。在虾沟边种植蕹菜，沟内移栽水生植物如伊乐藻、轮叶黑藻、菹草、竹叶眼子菜、苦草、空心莲子草等，也可随时补栽（补栽主要采用抛入法栽植浮叶植物），所有水生植物的生长面积控制在水面总面积的30%左右。水草以零星分布为宜，以利于渠道内水流畅通和稻田灌溉。

俗话说："虾多少，看水草""养虾先养草"。水草不仅是小龙虾不可缺少的植物性饵料，也是小龙虾栖息、遮阴、蜕壳、躲避敌害的重要屏障和场所（除了繁殖季和越冬期，小龙虾多数时间是生活在水草中的）。种植和放养水生植物能有效地提高商品虾的品质，降低养殖成本。稻田养殖小龙虾需要移植大量水草以满足小龙虾的生长需要，说的就是水草在小龙虾养殖中的重要性。由于小龙虾喜栖息于水草、树枝等隐蔽物中，具有昼伏夜出、喜阴怕阳等习性，种植水草精养小龙虾已成为高产稳产的保证。且在这种环境下生长的小龙虾规格大、耐运输能力强、干净，相比其他小龙虾往往是市场上的抢手货，销路好。同时，水草还有调节养殖沟水质，保持水质清新，改善水体溶氧的重大作用。

水草品种主要以伊乐藻、轮叶黑藻、菹草、苦草、浮萍和空心莲子草等为主。小龙虾对刚栽种的尚未发芽的水草破坏力极强，因此要求水草尽可能早种和多种。值得注意的是，水草也不能种得太多，特别是伊乐藻在春夏季"疯长"后，会在夏季高温时腐烂，败坏水质，应设法控制。虾沟种草的基本要求是：水草分布要均匀，种类要搭配，挺水性、沉水性及漂浮性水生植物要保持合理的比例，以适应小龙虾生长栖息的要求。

（1）水草种植时间。第一年种草在11月下旬虾苗放养前进行，以后每年1月底前在环形沟中栽种和移植水草，不宜过迟。每年养殖沟消毒5～7天后，可在环形沟内种植一些水生植物，如伊乐藻等，12月底至翌年1月底完成水草种植。不同的水草种植时间不同，如伊乐藻在清沟后的冬季或早春，轮叶黑藻在3月。

（2）水草的品种选择及搭配。小龙虾养殖中常种植的水草有轮叶黑藻、苦草、伊乐藻、菹草、金鱼藻、狐尾藻、微齿眼子菜、茭白、慈姑、香蒲、槐叶萍、肚兜萍、大浮萍等，这些水草有沉水性植物、挺水性植物，也有浮水植物，是经过实践证明可用于养殖龙虾的水草良种。养殖小龙虾的水草一般以沉水植物和挺水植物为主，浮叶和漂浮植物为辅，适量多栽小龙虾喜食的苦草、轮叶黑藻、金鱼藻。虾沟水草覆盖率应该保持在30%左右及草种2种以上。常见草类有伊乐藻、苦草和轮叶黑藻等，伊乐藻为早期过渡性和食用性水草，苦草为食用和隐藏性水草，轮叶黑藻为长期栽培的水草。目前可供小龙虾养殖选择的水草有很多种，下面列出常用的品种以供选择。

伊乐藻：俗称吃不败，具有喜低温、易存活、易培植等优点，是冬春季水草的首选（图13）。伊乐藻最佳种植方式是移栽，若选用草籽种植，其在冬季萌发生长的速度过慢，开春后发一点嫩芽，极易被小龙虾吃掉，故不建议撒草籽培植。伊乐藻在开春后随水温升高，生长速度非常快，一丛草可长到2～3米宽，且在5月之后，长到离水表面30厘米水层的草体极易

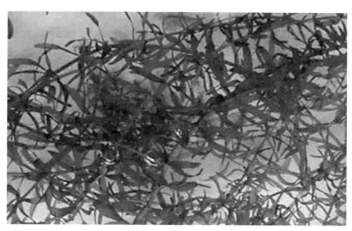

图13　伊乐藻

死亡腐烂，进而破坏水质和底质，故此时需要将死亡水草及时捞出或进行降水晒田处理。伊乐藻是一种优质、速生、高产的沉水植物，属于低温藻，耐寒不耐高温，水温大于5℃以上即可生长，当苦草、轮叶黑藻尚未发芽时，伊乐草已大量生长。

轮叶黑藻：俗称灯笼泡子。水下的轮叶黑藻和伊乐藻有点相似，但是拿出水面后观察则发现两者区别较大，轮叶黑藻一般6～9片叶对生，而伊乐藻一般是3片叶对生（图14）。轮叶黑藻比伊乐藻能够耐受高温，喜欢阳光充足的环境，所以在浅滩区域适宜种植轮叶黑藻。其最适生长水温为15～30℃，水温低于4℃时，叶片部分会被冻死，但是根茎部分可以存活，在水温升起来后又会发芽生长。轮叶黑藻为夏秋季水草，一般选择在夏季培植，移栽和撒草籽种植均可。轮叶黑藻水质净化能力和草体营养价值均优于伊乐藻，是目前已知的小龙虾水草中价值最高的品种。每年4月水温上升至10℃以上时，便可播种，播种前

图14　轮叶黑藻

须用田水或河水浸种3～5天，然后洗尽种粒上附着的外皮，并加少许田泥对水全沟均匀洒播，每亩用种量为150～250克，播种后一般半个月左右开始发芽。冬季采收轮叶黑藻冬芽投放虾沟，翌春温度上升时冬芽便萌发并长成新的植株。轮叶黑藻生长期长、适应性好、再生能力强，小龙虾喜食，适合于光照充足的沟渠及大水面播种。被小龙虾夹断的轮叶黑藻枝节均能重新生根入土。

　　菹草：又称虾藻、虾草、麦黄草，为多年生沉水植物，具近圆柱形的根茎，茎稍扁，多分枝，近基部常匍匐于地面，于结节处生出疏或稍密的须根（图15）。叶条形，无柄，先端钝圆，叶缘多呈浅波浪状，具疏或稍密的细锯齿。菹草生命周期与多数水生植物不

图15　菹　草

同，它在秋季发芽，冬春季生长，4～5月开花结果，6月后逐渐衰退腐烂，在小麦成熟的季节枯萎（即麦黄草名称的来历），同时形成冬芽以渡过不良环境。冬芽坚硬，边缘具有齿，形如松果，在水温适宜时开始萌发生长。栽培葙草时可以将植物体用软泥包住投入田间养殖沟，也可将植物体切成小段栽插。

苦草：种子长棱形，长12～20厘米，直径约0.3厘米，种荚内的种子黑褐色，籽粒饱满。播种方法：先将苦草种子用水浸泡1天，把种荚内的种子搓出来，然后加入10倍量的细沙壤土，与种子拌匀后即可播种。播种时将种子均匀地撒开，每亩水面用种量为50～100克。苦草一般在水温15℃以上萌发，谷雨前后播种较为适宜，种子发芽率高。播种过早，则发芽率低；播种过迟，则种子发芽后易被鱼、虾取食，不易形成群丛。

微齿眼子菜：植株较大且脆嫩，净水能力强，生命力强，适应性强，不易遭小龙虾破坏。春季水温上升至10℃以上便可播种，因微齿眼子菜种粒较大，每亩用种量为500～800克，播种前须用田水或河水浸种5天进行催芽，一般播种10天左右便可发芽。播种前期应控制水位，并确保虾沟内的水保持最大的透明度。

其他水草品种：小龙虾水草根据地域和条件等限制，目前使用的品种也多种多样，除以上品种之外，常用的还有金鱼藻、狐尾藻、竹叶眼子菜、小米草、空心莲子草等，但是不推荐移植凤眼蓝，因为这种挺水植物极易"疯长"，难以控制，且极易封田导致水质恶化，弊大于利。需要注意的是浮水植物（如浮萍）需要用竹竿或绳索围起来，避免整沟都是浮萍，造成养殖围沟缺氧。

（3）水草种植方法。水草种植分为移栽和草籽培植两种方法，生产中应根据几种常用水草的生理生长特性以及生产实践的需要，来确定种植方式和种植时间。例如，在栽培方法和栽培时间上，建议伊乐藻采用沉栽法、插栽法和踩栽法，栽培时间宜在11月至翌年1月中旬，气温5℃以上即可。轮叶黑藻宜采用移栽、枝尖扦插繁殖和芽苞种植方法，枝尖扦插繁殖时间在5月底至6月中旬为宜，芽苞种植在每年的12月到翌年3月。苦草的种植方式采用插条和播种方法，栽种时间有冬季种植和春季种植两种，冬季播种时常常用干播法，应利用稻田清整曝晒的时候，将苦草种子撒于沟底，并用耙耙匀；春季种植时常采用湿播法，用潮湿的泥团包裹草籽扔在沟底即可。对于春季和夏季大田养殖围沟中移植水草，因水草栽好之后这个阶段，小龙虾已在沟中活动，会取食草种使草长不起来（而冬季和秋季栽培水草，因该时期小龙虾进入冬眠状态，很少会取食破坏已栽植好的水草）。为避免水草被小龙虾吃掉，建议春夏两季沿稻田围沟四周浅水处或水位处种植水草，同时注意在围沟中放养一些浮水植物。水草在虾沟中的分布要求均匀，种类不能单一，须合理搭配。一般情况下，水草覆盖面积约占虾沟总面积的1/3。虾沟实行复合型水草种植

（是指水草品种至少在两种以上），可以保证稻田围沟全年都有水草。常见水草搭配模式有：伊乐藻＋轮叶黑藻、伊乐藻＋微齿眼子菜、茭白＋加浮萍等。一般养殖户会选择3种或3种以上的水草进行仿天然环境的混搭，也是很好的选择。湖北汉川地区现在以伊乐藻＋轮叶黑藻的模式，利用在池塘里的回行沟或者"目"字形沟种植伊乐藻，浅滩区域种植轮叶黑藻，取得了不错的效益。复合型水草种植模式较好地保证了稻田养殖围沟在全年基本都有水草，降低了水草管理难度，比种植单一水草降低了养殖风险。

（4）水草种植技术要点。种植水草很有讲究，既不能种密了，又不能种得太稀，水草种密了，白天产生氧气，晚上极度消耗氧气，严重时会导致小龙虾缺氧逃逸；水草种得太稀，净化水质的功能发挥不出来。采用稻-虾共生连作模式时，沿稻田围沟四周浅水处种植水草；沟底也可用水草扎成草堆，每堆5～10千克，每隔2米放一堆，沉于水底，每亩放15～20堆（草堆用绳子系住，绳子另一端固定于水面）。此外，在离围沟田埂1米处，每隔3米打一处1.5米高的桩，架设棚架，在田埂边种佛手瓜、丝瓜、葫芦、白扁豆等蔬菜，待藤蔓上架后，在炎热的夏季起到遮阴避暑的作用。

（5）草籽培植。由于轮叶黑藻价格高而且货源较少，很多地方不一定买得到活草，故采用撒草籽培植的方法也是一个不错的选择。建议利用养殖稻田周边的池塘培育草种，或单独腾出100～200米$^2$

水面专门培植轮叶黑藻。轮叶黑藻草籽（即芽孢种子）的选择标准：长10～12毫米，直径4～5毫米，7 000～8 000粒/千克，粒径饱满，颜色葱绿（图16）。每年的12月至翌年3月是轮叶黑藻芽孢种子的播种期，一般每亩用小芽孢4千克左右；选用大芽孢可适当加量，如藻芽（即黄芽）的用量为15千克/亩，绿芽（带叶芽孢）的用量为20～25千克/亩。播种时应按照行距株距各0.5米的距离插3～5粒芽孢到泥里，或拌泥沙撒播，加水使水深10～20厘米，并施一点复合肥等肥料，水温10℃以上时，7～10天即可发芽。4月上旬之后可起获鲜草，移栽到虾沟中了。水草种植后5～7天用氨基酸硼肥固根提高水草成活率。

图16 轮叶黑藻草籽

冬天气温偏冷的地区，轮叶黑藻草籽在翌年气温上升的时候才会发芽，但这时田体平台可能已经被淹没了，小龙虾活动范围广，移植在田中的水草易被小龙虾吃掉，如何让轮叶黑藻能长起来是一个亟待解决的问题。考虑田边围沟是小龙虾主要生长活动区域，应优先在围沟的堤埂内侧的上部种上草籽，等到草籽发芽的时候，再适当抬高水位。一般撒草籽的水位在20厘米，等到草籽发芽扎根的时候水位抬高到30厘米，抬高20厘米水位水草就会猛长，但前提是要保持水质清爽。

（6）水草的养护。对于水草，只种不管，不但不能正常发挥作用，而且大面积败草时易污染水质，进而造成小龙虾死亡。小龙虾养殖前期要求养殖沟多种草、种好草。不同时期水草的养护不同。①前期：种草后放苗前，沟内的水位一定要控制好，如果加水太快太深容易导致水草只长茎不长根，这样的水草在高温季节很容易出现断根上浮的情况；为促进水草生长，可施入发酵的农家肥或泼洒菌肥。前期对吃水草的虫子要以杀为主，对水草的护理要重于对水质的管理。水草虫害主要发生在春末夏初，一旦发生虫害，3～4天后整沟水草都难以幸免。用立克净溶于水后全池泼洒，在种植水草后、还未放虾前，可重点杀虫，避免草虫对水草的影响。②中期要求管好草：一是水色过浓影响水草光合作用时，应及时换水或降低水位，增强水草光合作用；二是水质浑浊、水草上附着污染物时，应及时使用益利多（乳酸菌）加益水清（复合果酸制剂）或解毒应激宝（混合型饲料添加剂复合有机酸溶液）进行分解；三是水草枯萎、缺少活力时，应及时进行追肥和健草；四是高温期间，随着水位的加深，水草出现浮起并死亡及水质发浑、水草脏等问题，可以先使用底改产品（如四羟甲基硫酸磷、腐殖酸钠、过硫酸氢钾底改片等）来控制底质，然后使用草肥来恢复水草活力，防止腐烂。③后期要求控好草：一是勤疏密草，控制水草的覆盖度在50%～60%；二是对于超出水面的水草，在6月初使用专用割草机割除老草头，让其重新生长出新的水草，形成水下森林，割完水草后及时施肥；三是在暴雨季节，适当降低水位，避免水草根茎离底，造成枯烂，污染水质。

### 4.注水投螺

待完成养殖沟施肥植草后（此项工作一般在早春完成），可于清明前后或在虾苗投放前7天，向环形沟中注水（深0.6～0.8米）。沟内可适当投放一些有益生物，如水蚯蚓（红丝虫）（0.3～0.5千克/米$^2$）、田螺（6～10个/米$^2$，或150千克/亩）、河蚌（3～4个/米$^2$）等，让其在沟渠内自然繁殖，既可净化水质，又能为小龙虾提供丰富的天然动物性高蛋白质饵料。

在完成好养殖稻田的改造以及小龙虾放养前清沟消毒、施肥植草等一系列工作后，接着应筹划小龙虾种苗准备事宜。小龙虾种苗来源除了从野外捕捉（自然繁殖）和购买外，主要是以向池塘投放亲虾（人工自繁）的方式解决种苗来源问题。

# 三、小龙虾生产管理技术

管理技术是小龙虾高效生态养殖生产的重要内容，包括饵料投喂、水质调节、病害防治等环节，时间长、内容多、要求严、责任大。稻-小龙虾虾种养耦合应做到早计划、早安排、早落实，实现管理规范化、科学化。在掌握淡水小龙虾食性、繁殖、蜕壳、栖息、行为习性等五大生物学特性的基础上，通过人工自繁解决种苗问题；根据小龙虾生长情况、水温、天气、水质等调整投饲量；注重培肥水质，丰富小龙虾天然饵料。粪肥下田之前要经过发酵，避免带入病原体，同时减低田内耗氧，提高肥效。经常加注新水，保持理想的水深和良好的水质，让小龙虾长期处在一个良好的生长发育环境中。加强小龙虾病虫害防治工作，用药按照《无公害食品—渔用药物使用准则》（NY 5071—2002）执行。坚持每天巡田，做到早、晚两次，发现问题及时处理。

小龙虾原产于北美，1918年被引入日本，1929年经日本引入我国，经几十年的扩散，已形成全国性的分布，成为常见的淡水经济虾类。由于小龙虾适应性广、生命力和繁殖能力强且对水质要求不高，很快遍布长江流域的每一个角落，并成为归化于我国自然水体的一个种。最近十几年，小龙虾种群发展特别快，在有的湖泊和地区已成为优势种群，已成为我国淡水虾类中的一种重要资源。小龙虾的人工养殖在我国经过了10余年的发展，特别是在国家"藏粮于地、藏粮于技"的大战略决策下，加上小龙虾市场价格的坚挺，稻田生态种养进一步带动了其养殖业的迅猛发展，现在已经成了一条产业。

小龙虾味道鲜美，成为深受市民喜爱的水产品，虽然小龙虾出肉率不高（出肉率约20%），但营养丰富。据报道，100克虾肉中，含水分8.2%、蛋白质58.5%、脂肪6.0%、几丁质2.1%、灰分16.8%、矿物质6.6%及少量的微量元素，特别是占体重5%左右的小龙虾肝脏（俗称虾黄），则更是味道鲜美。虾黄中含有丰富的不饱和脂肪酸、蛋白质、游离氨基酸、维生素、微量元素等，具有很高的药用价值。小龙虾是一种世界性的食用虾类，特别是欧美国家视其为美味佳肴。

# （一）小龙虾的生物学特性

小龙虾体表披一层光滑的坚硬外壳，体色呈淡青色、淡红色。身体分头胸部和腹部，头胸部稍大，背腹略扁平，头胸部与腹部均匀连接。小龙虾的头胸甲背面前部有4条脊突，居中两条较长、较粗，从额角向后伸延，另两条较短小，从眼后棘向后延伸，这4

条脊突是小龙虾区别于其他淡水螯虾的显著特征。小龙虾具有食性、繁殖、蜕壳、栖息、行为习性等五大生物学习性。

## 1.食性

小龙虾成虾为杂食性，主要以大型水生植物、小型甲壳类水生动物、软体动物、水生昆虫幼体、藻类、豆类、谷物、有机碎屑等为食，也食陆生植物的茎叶及人工配合饲料。自然条件下的小龙虾胃中食物大多是各种植物碎片，动物性饵料成分较少，因为在天然水域中，动物性食物约占20%，植物性食物的约占80%。小龙虾食性在不同的发育阶段稍有不同。刚孵出的幼虾以自身卵黄为营养；第一次蜕壳后的幼体能滤食浮游植物及小型枝角类幼体、轮虫等；虾苗能取食有机碎屑、较大的浮游动物（如枝角类和桡足类）等；幼虾具有捕食底栖生物的能力；成虾能捕食甲壳类动物、软体动物、水生昆虫幼体、水草、生藻类、腐殖质、有机碎屑及植物的根、茎、叶等。当环境中动物性和植物性饵料都很丰富时，小龙虾表现出对动物饵料的强烈嗜好。在食物丰富、生态条件良好的条件下，小龙虾一般不互相蚕食；但在食物缺乏、密度过大时会互相残杀或食取自己所抱的卵，相互残杀时，大虾吃小虾，硬壳虾吃软壳虾，另外食物不足还会使小龙虾越田（塘）逃离。

小龙虾摄食的最适水温为25～30℃，水温低于8℃或超过35℃小龙虾摄食明显减少，进入洞穴，生长停滞。小龙虾在食物丰富的静水沟渠中分布较多，营底栖爬行生活，昼伏夜出，白天常潜伏在水体底部光线较暗的水草丛、树枝、石隙间及洞穴中，摄食多在傍晚或黎明，尤以黄昏为主。在温度适宜的环境下，如水质良好、饵料充足，刚离开母体的幼虾经2～3个月饲养即可上市。

小龙虾养殖早期肥水不仅能给虾苗提供丰富的饵料，还能抑制青苔，为水草提供养分。而在养殖中需要多种饵料搭配，或者使用人工配合饲料，才能使小龙虾营养均衡。如果投喂单一饵料，会造成蜕壳不遂等病害。在人工养殖情况下，对于幼体可投喂丰年虫无节幼体、螺旋藻粉等，对于成虾可投喂人工配合饲料，或以人工配合饲料为主，辅以动植物碎屑。在生长旺季，从养殖沟中浮游植物很多的水面，能够观察到小龙虾将口器置于水面处用两只大螯不停划动水将水面藻类送入口中的现象，表明小龙虾能够利用水中藻类。

2.繁殖

（1）繁殖季节。一般情况下，小龙虾在一年中有两个产卵期，分别为3～5月、9～11月。

（2）产卵周期。幼虾需要7～8个月才能达到性成熟，当年不可能繁殖。成年虾每年只能产卵一次，且秋季产卵多于春季。①交配。交配时间长短不一，短的只需5分钟，长的则需1小时以上，一般为10～20分钟。交配次数不定，有交配一次即可产卵，有交配3～5次才能产卵。交配时间间隔短者几小时，长者10多天。②产卵。雌虾在交配以后，便陆续掘穴进洞，当卵成熟以后，在洞穴内完成排卵、受精和幼体发育的过程。交配后3～10小时，雌虾开始产卵，受精卵黏附在腹肢上进行发育。产卵在洞穴中进行，整个产卵过程持续10～30分钟，一般每次产卵200～1 000粒。卵粒多少及产卵量与亲虾个体大小及性腺发育程度有关，个体较大的雌虾怀卵量较多。在生产上，可从小龙虾的头胸甲与腹部的连接处进行观察，根据卵巢的颜色判断性腺成熟程度，卵巢颜色为茶色和棕黑色的则为成熟的卵巢，是选育亲虾的理想类型，颜色浅的则表明性腺未成熟。

（3）胚胎发育。小龙虾受精卵黏附于雌体腹肢上进行胚胎发育，胚胎发育长短与水温高低密切相关，水温较高孵化时间短，水温较低则孵化时间延长，一般5～8周后孵化出幼体。胚胎发育适宜水温为22～32℃，若水温保持在28～30℃，孵化时间可大为缩短。小龙虾有"抱仔护幼"的习性，稚虾孵出后，全部附于母体的腹部游泳足上，在母体的保护下完成幼体阶段的生长发育过程，小龙虾这种繁育后代的方式，保证了后代很高的成活率。一般，从卵孵化成幼虾的成活率为70%。由于小龙虾繁殖的大部分过程在洞穴中完成，故在平常的生产中难以见到抱卵虾。小龙虾分散的繁殖习性限制了种苗的规模化生产，给集约性生产带来不利影响。

### 3.蜕壳及生长发育

刚孵出的小龙虾幼体体形构造与成体基本相同，平均体长约9.5毫米，仍继续黏附于雌虾腹肢（游泳足）上1～2周，在此期间幼体也会偶尔离开母体活动。刚孵出的幼体依靠卵黄囊提供营养，直到孵化3周后才能完全独立生活。由于小龙虾多为秋季产卵，因此从当年初秋稚虾孵出后，小龙虾幼体的生长、发育和越冬过程都是黏附于母体腹部，到翌春才离开母体生活。幼虾脱离母体后很快进行一次蜕皮，每次蜕皮后生长明显增快，幼虾发育成虾一般有10余次蜕皮（壳）过程。在适宜的条件下，在50～60天后幼体经5～8次蜕壳，体重达0.5～2克，便可放入稻田养殖沟进行成虾养殖。

（1）蜕壳。小龙虾蜕皮先兆：甲壳颜色变暗，膜变得柔软，开始蜕皮时，身体弯曲呈V形。小龙虾的每次蜕壳都伴随着个体的增长，幼体一般2～5天蜕壳一次，幼虾5～8天蜕壳一次，随着虾体的长大，蜕壳周期随之延长至8～20天。小龙虾性成熟后每年的蜕皮（壳）次数减少至一次。5月长至30克的个体在饲料不足、营养不良情况下当年不再蜕壳，营养条件好的情况下小龙虾长至60克仍能蜕壳。体长10厘米的个体蜕皮后体长可增加13%左右。每经历一个蜕壳周期，个体体重可增加50%～80%，蜕壳后最大体重增加量可达95%。小龙虾蜕壳后的新壳于12～24小时后硬化，硬化时需要吸收大量的钙质，否则会蜕壳不遂。小龙虾与其他甲壳类动物一样，必须脱掉体表的甲壳才能完成其突变性生长。蜕壳与水温、营养及个体发育阶段密切相关，且蜕壳多在夜间进行。同许多甲壳类动物一样，小龙虾蜕壳时一般会寻找隐蔽物，如水草丛中或植物叶片下。由于蜕壳后的新壳于12～24小时后才能完全硬化，故小龙虾的蜕壳也是危险期，注意预防天敌。同时，根据小龙虾蜕壳个体体重增加的特点，可采用化学和物理方法刺激并配合多种饵料轮换投喂，既缩短蜕壳周期又增加蜕壳次数。

（2）生长。小龙虾是通过蜕壳来实现体重和体长增加。蜕壳与水温、营养及个体发育状况密切相关。幼体一般4～6天蜕皮一次。如果水温高、食物充足，则蜕皮间隔时间短。在水温适宜、饵料充足的条件下，小龙虾生长迅速，虾苗经2～3个月的生长，体长可达10厘米以上，体重15～20克，最大可达30克以上。一般雄虾生长速度快于雌虾，长成商品虾后，雄虾规格也较雌虾大。离开母体的幼虾在温度适宜（20～30℃）、饵料充足的情况下一般生长60～90天即可达到上市规格（每千克20～30只）。在水温25～30℃条件下，饲养6～8个月，小龙虾体重可达60～150克。小龙虾生长总的趋势是：从孵化后至体重达20克这一阶段内，小龙虾体重是加速度地增长；在个体体重达到50～100克的阶段，其生长的速率保持在相对稳定的水平；超过这个阶段，生长速率便呈下降的趋势。因而，根据小龙虾的生长速度可以绘成一个倒U形的生长曲线。蜕皮分生长蜕皮和生殖蜕皮两种，幼虾脱离母体后，很快进入第一次蜕皮，换上柔软多皱的新皮，并迅速吸水增长，此为生长蜕皮，由幼体到成体共经历生长蜕皮11～13次；雌虾性成熟后便开始进行生殖蜕皮，以后每次交配产卵前都要进行生殖蜕皮。

（3）寿命。一般情况下，从幼虾开始计算，雄虾的寿命在20个月以上，雌虾的寿命为24个月。但在食物缺乏、温度较低和比较干旱的情况下，寿命可达3～4年。

### 4.栖息

（1）光照的影响。小龙虾喜阴怕光，有明显的昼夜垂直移动现象，在光线弱和黑暗条件下小龙虾爬出洞穴抱在水草和谷茬上呈睡觉状或借助悬浮物将身体侧卧于水面，光线强时小龙虾沉入水底或进入洞穴。小龙虾对水体无特殊要求，各类水体基本都能生存。在正常条件下，小龙虾白天多隐藏在水中较深处或隐蔽物中，很少活动，傍晚太阳下山后开始活动，多聚集在浅水边爬行觅食或寻偶。小龙虾喜爬行，不喜游泳，觅食和活动时向前爬行，受惊或遇敌时迅速向后弹跳躲避或迅速逃回深水中。

（2）水温的影响。小龙虾对水温无特殊要求，生存水温为−15～40℃，生长最适水温为20～30℃，水温低于10℃或高于35℃小龙虾摄食明显减少，水温低于20℃或高于32℃时，生长率下降。水温15℃

以下时幼虾成活率偏低。水温高于32℃时进入深水区或水草中，晚上聚集在浅水区或攀附于水草表层。饲养水域昼夜温差不能过大，对于幼虾要求昼夜温差不要超过3℃，对于成虾则要求不要超过5℃，否则会造成重大损失。小龙虾在我国大部分地区都能自然越冬，在冬天气温偏低的地区，为防寒潮袭击，可将越冬成虾放集中在较深的养殖围沟中，并在围沟的西北角搭挡风墙或防寒棚。

（3）水体及水质的影响。小龙虾的抗逆力很强，能生活在一些生活污水、轻度污染的工业废水中，在农药施用地区的田沟、渠道中也有分布。小龙虾对水环境要求不严，在pH为6.0～9.0、溶氧量不低于1.0毫克/升的水体中都能生存。小龙虾对水体溶氧的适应能力很强，在水体缺氧的情况下，不但能爬上岸，还能借助水草或漂浮植物侧卧于水面，利用身体一侧的鳃呼吸空气中的氧气，以维持生存；但是溶氧低于2毫克/升时，它的生长速度几乎为零。小龙虾喜欢中性偏碱性的水体，最适宜小龙虾生长的水体pH为7.5～8.2，但在小龙虾繁殖孵化期则要求pH为7.0左右、溶氧量为3毫克/升、水温为20～30℃。

5.行为习性

（1）领域行为。小龙虾有很强的领域行为，具有占地盘、攀缘和掘洞能力。它会精心选择某一水域进行掘洞、活动、摄食，不允许其他同类进入，只有在繁殖季节允许异性进入。

（2）夜行性行为。淡水小龙虾为夜行性甲壳类动物，白天躲藏，夜晚出来摄食和活动。因此，如果白天能看到大量的小龙虾是不正常的现象。

（3）掘洞行为。①掘洞深度与位置。小龙虾在冬夏季营穴居生活，因而具有很强的掘洞能力，洞穴深度大多数在50～80厘米，有少数能达到1米，成虾洞穴较深，幼虾洞穴较浅。掘洞的洞口位置通常选择在水平面处，但这种情况常因水位的变化而使洞口高出或低于水平面，一般在水面上下20厘米处小龙虾洞口最多。洞穴内有少量积水，以保持湿度，洞口一般以泥帽封住，以减少水分散失。②生存环境对小龙虾掘洞的影响。小龙虾的掘洞行为是其一种重要的生存和生殖对策行为，这与小龙虾很强的领域性、明显的穴居巢域性和喜欢洞穴栖息、穴居交配与产卵有关。小龙虾掘洞活动一般在黄昏至翌日清晨。洞穴分布于潮湿田埂、养殖沟水中斜坡及浅水区的田体厢面底部等，集中于水草茂盛处。小龙虾的掘洞行为受环境因素的影响，水质较肥、底层淤泥较多、有机质丰富的条件下其洞穴明显较少，而静水或缓流水体中洞穴明显多于流水和急流水体中的洞穴。③小龙虾掘洞与避暑防寒及繁殖习性相关。无论在何种生存环境中，在繁殖季节小龙虾掘洞的数量都明显增多，即掘洞具有明显的季节性，8～10月掘洞强度最高，4～7月次之，12月至翌年3月几乎没有掘洞行为。一般在一个洞里能挖到2只小龙虾，而且基本都是一只雄虾、一只雌虾，偶尔一个洞也能挖到四五只。每年7月，在田边养殖沟的水面上下30厘米的地方就会有几个新挖的虾洞，至9月时，就会发现田边养殖沟上出现越来越多的虾洞，至11月如果小龙虾存沟量大时，养殖沟上基本都是虾洞。因为小龙虾有掘洞、逃跑的习惯，故稻田养殖围沟田埂的宽度最好在3米以上，以防小龙虾打洞逃跑。同时，小龙虾的养殖田须用网片、木桩、厚塑料皮或其他片状物在池埂边建好防逃设施。

（4）攻击行为。小龙虾生性好斗，在密度大、食物不足或争栖息洞穴时，往往出现凌强欺弱、欺小怕大现象。其较强的攻击行为会造成个体的伤亡，故而在养殖中一定要合理的规划放养密度，适当增加养殖水体的遮蔽物，如水草、人工巢穴（注意主要在离水面上下10厘米左右造穴）等，增加环境复杂程度，减少小龙虾直接接触争斗的可能。此外，小龙虾幼体的再生能力强，损失部分在第二次蜕皮时可再生一部分，几次蜕皮后就会恢复，但新生的部分比原先的要短小。小龙虾的这种再生能力是一种保护性的适应。

（5）趋水行为。小龙虾具有较强的趋水性，喜新水活水，逆水而上，且喜集群生活。小龙虾为夜行动物，养殖中常成群聚集在进水口周围，下大雨时小龙虾会逆着水流爬到岸边作短暂停留或逃逸。特别是在夏季的夜晚或暴雨过后，小龙虾有攀爬上岸的习惯，可越过堤坝进入其他水体，如果没有防逃设施就会逃逸，对养殖造成损失。当水中环境不适时小龙虾也会爬上岸边栖息。因此，应在田边养殖沟设有防逃的围栏设施。

## （二）小龙虾种苗的人工繁殖及放养

小龙虾属中小型淡水螯虾类品种。近年来，小龙虾作为特种水产品种在长江中下游地区养殖面积不断扩大，给广大养殖户带来了可观的经济效益。虽然养殖技术不断进步，但由于小龙虾分散的繁殖习性限制了种苗的规模化生产，给集约性商品化生产带来不利影响。小龙虾种苗来源除了少数是从野外捕捉（自然繁殖）外，主要是以向池塘投放亲虾（人工自繁）的方式解决种苗来源问题。小龙虾种苗问题是养殖成败的关键之关键，稻田养虾一定要注意：一是亲虾要来源于良种场或天然湖泊；二是种苗要放足，时间要早；养殖小龙虾最好人工自繁种苗。淡水小龙虾种苗繁育目前主要有两种形式：一种是工厂化人工繁殖（水泥池），另一种是土池人工繁殖（土池）。我国养殖的淡水小龙虾主要是克氏原螯虾一个种，各地淡水小龙虾的特性基本差不多，一些地区的所谓"良种"质量也有参差不齐。如果农户小规模养殖小龙虾，最好自己从大水体采集规格较大的健壮虾作种虾，将虾捕起后立即放入养殖池作种虾。如购买的是野生虾种，需经人工驯养一段时间后，才能放养，以避免小龙虾相互残杀，提高放养的成活率。一般种虾应在起捕后3个小时内放入养殖池，否则虾易受伤，放养成活率不高，或繁殖性能下降，远距离加冰运输的虾种，放养存活率更低。目前普遍采用的且效果较好的小龙虾养殖方法是人工增殖，即在每年的7～9月，每亩池塘投放经挑选的亲虾18～20千克（亲虾的规格为40克/只以上），雌雄比例为3：1，使亲虾在池塘内自然繁殖，翌春孵出虾苗进行养殖。也可收购附近养殖户的虾苗进行养殖，一般每亩池塘投放体长2～4厘米的幼虾2万～3万只。收购和运输小龙虾时要注意以下事项：一是避免收购药捕虾；二是虾离水时间不能太长，一般要求离水时间不超过3小时；三是亲虾和虾苗规格尽量整齐，体质健壮，无病无伤；四是运输时最好不要加冰，如果确需加冰，可用矿泉水瓶灌水冷冻后放在泡沫箱或竹篓底层，上面用一层竹篓与虾隔开，也可用塑料袋装冰，但一定要注意不要让冰水滴到虾体上，也不要让冰块与虾直接接触。虾运回后，先在阴凉避光处放一段时间，下塘之前将虾放在池塘水中浸5分钟左右，取出晾8～10分钟，重复处理2～3次即可放养进行人工繁殖。

### 1.小龙虾人工繁殖

（1）苗种繁育。亲虾选择可在前一年9～10月或当年3～4月进行，宜挑选虾龄10个月以上、个体重30～50克、附肢齐全、体质健壮、无病无伤、躯体光滑、活动能力强的个体，雌雄比例为（2～3）：1。雌虾、雄虾在外形上特征明显，容易区别（图17）。

①达性成熟的小龙虾，同龄虾雄性个体大于雌性个体。②体长相近的虾，雄性的螯足粗大，螯足两端外侧有一明亮的红色软疣，雌性螯足相对较小，大部分在螯足上没有红色软疣，即使有颜色也偏淡。③雄虾的腹足内侧有一对细棒状带刺的雄虾附肢，而雌虾没有该对附肢，而这正是识别小龙虾雌雄的主要特征（雄虾第一、第二腹足演变成白色钙质的管状交接器；雌虾第一腹足退化，第二腹足羽状）。④雄虾的生殖孔开口在第五对步足基部，不明显；雌虾生殖孔开口在第三对步足基部，可见明显的一对暗红色圆孔。⑤性成熟的雌虾腹部膨大，雄虾腹部相对狭小一些。

图17　小龙虾雌雄鉴别

　　（2）亲虾培育。亲虾培育池一般采用土池，面积视规模而定。根据稻田种养共作面积的大小，确定生产规模。小规模生产的亲虾池面积从几平方米至几十平方米均可，大规模生产的亲虾池一般在80米$^2$以上，甚至可达2 000米²以上，亲虾池面积以1 200米²左右为宜，且底质以壤土为宜。一般亲虾培育池就近建在养殖稻田旁边，方便稻田种养共育时虾苗的运输。亲虾培育池的池水深1米左右，池埂宽1.5米以上，要求设有进排水系统，四周池埂用塑料薄膜或钙塑板搭建防逃墙。水源须充足，水质清鲜无污染，溶氧高，特别是强化培育期间的水体溶氧量要求在4毫克/升以上。池中预先设计开挖一些小沟渠，方便在收集虾苗时操作。亲虾放养前15天，每亩用生石灰150千克溶于水后全池泼洒消毒，同时施入500～800千克腐熟的畜禽粪培肥水质。然后，注入经过滤的新水，在池内放入供虾攀缘栖息的隐蔽物，如树枝、树根、竹筒等，并移栽一些水草，水草面积占培育池总面积的1/3左右。亲虾放养密度应适当，通常9～10月选留的亲虾每亩放养100～120千克，3～4月选留的亲虾每亩放养80～100千克。为充分利用水体及调节水质，培育亲虾的同时可混养鲢鱼、鳙鱼60～80条/亩，放养前用3%食盐水浸浴虾体10分钟，以杀灭病原体。虾苗放到塘里之前2小时要先防抗应激，用应激宁（水产用六味地黄散）＋高稳维生素C（1：1），以提高虾苗的成活率。亲虾培育期间要加强饲料投喂，可投喂新鲜水草、豆饼、麦麸或配合饲料，并添加一部分动物性饲料，如切碎的螺蚌肉、畜禽屠宰下脚料等。日投饵量：3月日投饵量为亲虾体重的2%～3%，4月为4%～5%，5月为6%～8%，每天早、晚各投喂一次，以傍晚为主，占日投饵量的70%。以后，根据天气实际情况进行投喂。同时，加强水质管理，一般每隔10～15天换水一次，每次换水量为池水总量的1/3；每20天用生石灰20～25克/米$^2$溶于水后全池泼洒一次，以促进亲虾的性腺发育。

如果在池塘提早繁育小龙虾苗种，应在6月底7月初，对小龙虾苗种繁育池进行清整消毒，清除杂鱼及存塘小龙虾。7月中旬至8月上旬，每亩放养亲虾75～100千克，雌雄配比为（1.5～2.0）：1。然后采取降温措施，强化亲虾培育。亲虾投放后，通过在池塘上架设遮阳网、向池塘喷雾以及注入地下水（井水）等人为措施来降低池水温度，或者将繁育池塘选择在有高大树木且通风的地方。同时，做好水草养护，强化投饲管理，提高亲虾质量。9月，雌虾开始产卵孵化，至9月下旬，应拆除繁育池降温设备。通过投喂饵料、调控水质，对孵化出的幼虾进行培育。10月下旬开始捕捞小龙虾幼虾，捕小留大，将捕出的幼虾移到大棚中，用以培育大规格苗种。

（3）繁殖与孵化。4～5月，水温16℃以上时，亲虾便开始交配。小龙虾交配繁殖的适宜水温为18～25℃，如在高温季节，可以通过人工措施降低池塘水温，促使小龙虾提早繁育，进而达到小龙虾提早上市，为养殖户获取更多经济效益。雄虾将精子排入雌虾的纳精囊内，受精卵在雌虾游泳足的毛上孵化为稚虾，适宜孵化温度为22～28℃。水温在18～20℃时，孵化期为30～40天，水温在25℃时只需15～20天。虾苗孵化时要注意保持微流水，适当遮阳避光，防止池水温差过大。抱卵虾耗氧量大，孵化期内要连续不断地充氧。土池养殖只需要设计好雌雄比例，然后提供交配场所，交配场所采用人工打洞的方法，通过培水、遮光让小龙虾交配。需要注意的是，该时期不要大量换水，但是允许微流水，微流水可以促进小龙虾交配。稚虾孵化后在母体保护下完成幼虾阶段的生长发育过程。稚虾一离开母体，就能主动摄食，独立生活。当发现繁殖池中有大量稚虾出现时，应及时采苗（以免密度过大），以便进行虾苗培育。同时，注意采苗时尽可能避免惊吓小龙虾，否则极易造成"弹卵"损失。

（4）虾苗培育。虾苗池以面积20～40米$^2$、水深0.6～0.8米的水泥池为佳，也可选择面积667～2 000米$^2$、坡度比1：2、水深0.5～1米的土池，须水源充足、水质较好，进排水方便，建好防逃设施，进行池塘消毒。新建水泥池要先脱碱再消毒，脱碱的方法很多，有以下几种：漂白粉脱碱法、硫代硫酸钠脱碱法、冰醋酸脱碱法、高锰酸钾脱碱法、苏打水脱碱法、水泡法等。简单的如水泡法：将水泥池注满水后浸泡，3～5天后将水放掉，换上新水再浸泡3～5天，反复换4～5遍清水就可以了。水泥池经脱碱处理后，使用前必须用水洗净。脱碱后的水泥池是否适于饲养，要进行试养加以确认，若无不良反应，即可正式投入使用。同样，虾苗池建在稻-虾共作的稻田的旁边，方便管理。每亩虾苗池施腐熟的人畜粪500千克，培育稚虾喜食的天然饵料，如轮虫、枝角类、桡足类等浮游生物。池中除设置树根、竹筒、塑料筒等外，还要投放一定数量的沉水及漂浮植物，提供稚虾攀缘栖息、蜕壳和隐蔽场所。稚虾放养量一般为每平方米放150～230只，虾苗规格保持一致，并选择晴天早晨或阴天投放。放养后的第一周可投喂磨碎的豆浆，每天喂3～4次；第二周开始以投喂小鱼虾、螺蚌肉、蚯蚓、蚕蛹等动物性饲料为主，适当搭配玉米、小麦、鲜嫩植物茎叶等混合粉碎加工成的糊状饲料，早、晚各投放一次，晚上投饵量为全天投饵量的70%。早期日投饵量为每万只稚虾0.25～0.40千克，以后按池内存虾总重量的10%左右投饲。培育过程中，每7～10天换水一次，每次换水量为池水总量的1/3，保持池水溶氧量5毫克/升以上。饲养期间，要视池水透明度适时补施追肥，一般每半月补施一次追肥，追肥以发酵过的有机粪肥为主，施肥量为每亩15～20千克。幼虾经25～30天培育，通过5～8次蜕壳，体长可达3厘米。每20天左右每立方米水体用生石灰10～20克溶于水后全池泼洒一次，以调节水质和增加水中游离钙的含量，提供稚虾在蜕壳生长时所需的钙质。每半月左右全池泼洒光合细菌一次，调节池中的氨氮含量。

（5）亲虾越冬。亲虾越冬是整个人工繁殖工作的重要环节，因为这关系到翌年虾苗供应。

条件优良的越冬池对于亲虾是非常重要的。亲虾越冬池需具备以下几方面的条件：①要选择背风向阳的池塘作为亲虾的越冬池，既有利于防止冬季寒风的直接吹拂而影响小龙虾，又有助于水温的自然提高。②越冬池的面积大小适宜，不要太小，也不宜太大，一般以2亩左右为宜。③池底要干净，淤泥厚度不宜超过10厘米。④池塘的蓄水能力要强，冬季池塘正常水深应保持在1.5米以上。⑤要有充足的隐蔽物，每亩池塘移植和投放一定数量的沉水性及漂浮性水草，以供越冬亲虾栖息用。⑥要有防逃措施，在池埂四周用塑料薄膜或钙塑板等搭建防逃墙，以防亲虾逃逸。

　　小龙虾亲虾越冬管理要点有以下3个方面。①保证水温。虽然小龙虾对低温的抵抗能力较强，但当水温长期低于0℃时，亲虾在越冬期间死亡率会很高，有的虾虽能生存，但在2～3个月后也会出现大量死亡。因此，做好亲虾的越冬工作，保证越冬期间的水温在16～18℃，是整个繁殖工作的重要环节。可采取保温的方法来越冬，常用的方法有塑料薄膜覆盖水池保温法、电热器加温法、温泉水越冬法、工厂余热水越冬法和玻璃室越冬法等，均能达到亲虾安全越冬的效果。②投喂及时。若越冬池的水温能保持在适当范围内，可投喂野杂鱼、螺蛳、河蚌肉及畜禽内脏等饵料，使亲虾保持良好体质。如果投喂颗粒饵料，饵料在水中的稳定性要好，不能轻易散失，一般每亩池塘投喂1～2千克配合饵料。同时，要投放充足的水草，并适度施肥，培育浮游生物，保证亲虾和孵出的幼虾有足够的食物，并保持水体透明度在30～40厘米。具体的投饲量应根据小龙虾的活动和吃食情况灵活掌控。冬前投喂：越冬前（9～10月），以投喂蛋白质含量为35%左右的优质配合饲料为主，辅喂部分新鲜的鱼、螺、蚬、蚌肉等动物性饵料，以增加营养、积累脂肪、储存能量，供亲虾越冬期消耗。越冬投喂：越冬期间，若遇有连续几天的晴暖天气，小龙虾会出洞觅食，此时应坚持适量投喂蛋白质含量为35%以上的配合饲料，以补充营养，增强体质，提高抗寒力。投喂药饵：在投喂的饲料中应添加开胃诱食剂（主要成分为乳酸钙60%、乳酸菌5%）和免疫多糖（主要成分为酵母多糖、香菇多糖、黄芪多糖及多种维生素），并按照每千克饲料开胃诱食剂2～4克和免疫多糖1～2克的配方制成药饵定期投喂。③做好"五防"工作。即防浮头死虾，保持水体高溶氧量；防水质污染；防池塘漏水；防水老鼠、水鸟等敌害；防治疾病，主要从改善水质环境、提高亲虾抗病力着手，一般每月使用一个疗程的抗菌药物，每个疗程用药3天，每天用药一次，将药物溶于水后全池泼洒。

（6）提高育苗率。关键要做好如下几点：①水质要求。小龙虾繁育期间，要保持水体相对稳定，水质清新，透明度35厘米左右，pH 6.5～8；防止昼夜水温温差过大；水中溶氧量应保持在5.0毫克/升以上。②水体环境。水面要有一定的浮水植物如水浮莲等（占虾池面积的1/3），水底最好有水草，并有隐蔽性的洞穴，为虾苗蜕壳提供附着物，也便于通过水浮莲洗苗检查掌握出苗时间及虾的生长情况。进水口加栅栏和过滤网，防止亲虾逃逸和防止敌害生物入池，同时防止青蛙入池产卵，避免蝌蚪蚕食虾苗。保持养殖池水位稳定在1米左右，不可忽高忽低。③加强检查。坚持早晚检查出苗情况，当仔虾游离母体后，及时捕捉亲虾返回亲虾池再培育，尽量减少大幅度的清点盘池，操作也要特别小心，避免对抱卵的亲虾和刚孵出的仔虾造成影响。④保证饲料供应。适时培养轮虫等小型浮游动物供刚孵出的仔虾摄食，出苗前3～5天，开始从饲料专用池捕捞少量小型浮游动物入虾苗池。并用熟蛋黄、豆浆等及时补充仔虾、幼虾所需的食料供应。投喂的饲料要新鲜，动物下脚料须煮熟后投喂，预防疾病的发生。在饲料中添加蜕壳素、多种维生素、免疫多糖等。蜕壳素在饲料中必须要添加，因为目前没有专门的含有蜕壳素的配合饲料，添加蜕壳素可促小龙虾蜕壳生长。夏季须捞除虾池中未被小龙虾吃完的水草，以免腐烂影响水质。

### 2.小龙虾的放养

（1）虾苗或亲虾的选择。放养的小龙虾以自繁的苗种最好；或选择距离养殖稻田较近的地方购买苗种，不宜太远，因为经过长途运输的虾苗成活率无法保证，苗种 的来源也不明确，前期虽看不出异常，后期可能死亡数量巨大。苗种最好在离开水体2小时以内放养。建议养殖户不要盲目地选择苗种，一定要选择好；如果从市场上挑选亲虾，应详细询问小龙虾的来源、离开水体的时间、运输方式等。因为，市场上有些小龙虾经虾贩的泼水处理，外观看是活的，但内部损伤较重，下水后极易死亡。

虾苗的选择标准：选择虾苗时，规格尽量大且均匀整齐（体长0.8厘米以上）、体色纯正（体色青，养充足）、体表光洁亮丽且无附着物、附肢齐全、无病无伤、活动能力强。外观形态要求：①体表：底板干净，没有出现黄底板、黑底板，也没有出现腐壳；肢体齐全，活力强，体质好，不是软壳虾。②鳃：干净，没有出现黑鳃、黄鳃，没有出现水肿现象的虾苗。③肝胰脏：没有出现发白、糜烂现象。④肠道：肠道有食，无肠炎现象。

亲虾的选择标准：亲虾应选择当年的新虾，个体重20～35克，这样的亲虾成活能力很强，性成熟比较晚，正好赶上9～11月繁育期，年末不但会养一窝仔虾，同时翌年留养的亲虾继续长大，还可以当作优良的商品虾。新虾鉴别方法：新虾的颜色呈红色或红褐色，虾壳有弹性；而老虾呈暗红色甚至黑色，虾壳钙化程度高，非常坚硬。亲虾最直接的辨识标准是：有光泽，体表光滑无附着物，无病无伤，附肢齐全，活动能力强。

（2）放养方法。放养总原则是：提倡"夏秋投种（苗），春季补苗，捕大放（留）小，轮捕轮放"。具体来说，稻-虾共作生产过程中主要有虾苗放养和亲虾放养两种技术方式。一般情况下，第一次放养的最好是亲虾。亲虾的放养时间应结合水稻种植灵活安排，以中稻为例，最适宜的亲虾放养时间为中稻收割前2个月左右，即每年的7～8月，早稻和晚稻则参照中稻的放养时间进行。放养时间：亲虾常规投放时间为3～4月或者11月，如果是两季养殖，也可在7～9月进行投放。不论是当年虾种，还是抱卵的亲虾，都要比池塘养殖放的早些，因为早放既可延长虾在稻田中的生长期，又能充分利用稻田施肥后所培养的大量天然饵料资源。

投放亲虾模式：每年的8月底至9月初，在中稻收割前一个月左右放亲虾。对于初次养殖的稻田，往稻田的环形沟（围沟）和田间沟中投放亲虾，每亩投放规格为20～35克/只的亲虾20～30千克；对于前一年已养过小龙虾的稻田，因为田里还留有一些虾种，每亩只需投放5～10千克亲虾进行补充即可。投放的亲虾雌雄比例为3：1。

投放幼虾模式：每年9～10月中稻收割后投放人工繁殖的虾苗，投放体长为2～3厘米的虾苗1.5万只左右；在4～5月投放人工培育的幼虾，每亩投放体长为3～4厘米的幼虾1万只左右。如养殖沟中没有栽植好水草，投放幼虾时，可事先在稻田的环形沟底部铺设若干块面积为3～4米²的小网目网片，网片上移植水草团，将幼虾轻轻倒在水草团上，让幼虾自行爬入水草中，并把饲料投放在水草上，使幼虾就近尽早开口摄食。1～2天后，移开水草，轻轻取出铺垫的网片，可以初步预测幼虾的成活率。

同一田块放养的苗种规格要尽量一致，一次放足。经人工繁殖、培育而成的小龙虾苗种，在放养前不需要再驯养，而从野外捕获的野生小龙虾苗种，最好要经过一段时间驯养后再放养，以免相互争斗残杀。

（3）放养注意事项。做好田间设施，水草、水位、水质、水温等达到放养条件时，选择在晴天早晨、傍晚或阴天放养虾苗，避免阳光直射。投放前应注意以下事项：①小龙虾的消毒。虾苗入田前需用 3%～5% 食盐水溶液浸浴 5 分钟，以杀灭病菌和寄生虫。②试水。投放虾苗时，不要直接将虾苗倒入稻田水沟中，而是先将装有虾苗的箩筐或网袋放入稻田养殖沟的水中浸泡 1～2 分钟，取出后在田边搁置 3～5 分钟，使幼虾或亲虾适应水温，如此反复 2～3 次，让虾苗体表和鳃腔吸足水分。待全部试水完成后，再沿田边将虾苗缓缓放入养殖沟中，注意在围沟中均匀分散投放，一次放足。或将装有虾苗的筐放到田间环形沟内田埂边的浅水区，斜放在田埂边，一头靠田埂，一头沉入水面 10 厘米，让虾苗自行爬出。③为了减少小龙虾产生应激反应，可在投放虾苗前 1 小时，使用银玫瑰（六味地黄散）泼洒在准备投放虾苗的水面。或在虾苗放养时施用维生素 C 或蛭弧菌以降低小龙虾应激反应和提高苗种放养成活率。

## （三）小龙虾田间生产管理技术

### 1.田间饲喂管理技术

（1）饵料。小龙虾属杂食性，偏食动物性饲料，且贪食。小龙虾的整个生长阶段，可利用稻田内的浮游生物、底栖动物、各类昆虫、杂草嫩芽等，但大部分还要依靠人工投喂。饲料是养虾的物质基础。在饲料的品种上，有植物性饲料、动物性饲料和配合饲料三大类。植物性饲料有豆粕、糠饼、玉米、小麦、南瓜、水草、旱草等；动物性饲料有小杂鱼、鱼粉、螺蛳、河蚌、蚯蚓、蚕蛹、动物内脏等；配合饲料是采取科学配方将植物性饲料和动物性饲料以及矿物质、维生素等添加剂加工制成的颗粒饲料，具有营养全面、投喂方便、饵料系数低、便于存放等优点，目前成虾养殖大都投喂颗粒饲料。小龙虾活动及摄食能力较差，需要人工投喂，早期主要通过肥水等方法培育天然浮游生物作为虾苗饵料，配以少量配合饲料；中后期主要以配合饲料为主，配以鱼糜、饼粕、麸皮、米糠、玉米、豆渣等混合配合饲料进行投喂，并在饲料中加入免疫增强剂。

植物性蛋白质中黄豆蛋白质含量高，约为40%；玉米、大麦蛋白质含量低，一般为10%。新鲜的小鱼块、冰鲜鱼是动物性饵料。目前小龙虾全价配合饲料研究和推广相对比较成熟，比较受大众认可的是蛋白质含量为26% ~ 28%、价格4元/千克左右的饲料。在饵料选择上大部分以饲料为主，配合冰鲜鱼和煮熟的粗粮（如玉米、大麦、黄豆）。这里有两点须说明一下：①小龙虾喜吃冰鲜鱼，虽然冰鲜鱼和饲料价格差不多，但冰鲜鱼水分含量在70%左右，而饲料水分含量在12%，按干物质换算，3千克冰鲜鱼相当于1

千克饲料，相比之下冰鲜鱼价格高很多。②煮熟的大豆、玉米等粗粮对小龙虾而言，诱食性好而且更容易吸收。

（2）投喂原则。投喂要遵循"定时、定量、定质、定位"的"四定"原则。小龙虾主要在每天8:00—10:00和18:00—22:00摄食，且晚上摄食量最大，因而每天可早晚定时各投喂一次，投喂量分别为日投喂量的30%和70%。小龙虾配合饲料必须选择营养平衡、诱食性好且质量稳定的饲料，鲜活饲料务必保证新鲜不变质。由于小龙虾活动性弱，因此饲料要沿靠近环形沟浅滩上和沟边田埂上均匀抛撒，最好在养殖沟中设置专门的饵料台。

高效喂养以基本吃饱（投喂量以虾吃到七八成饱为宜，过量投喂易引起消化不良，且浪费饲料、污染池底）、吃完、不留残饵为原则。放苗后若不及时投喂或投喂不足，小龙虾营养缺乏，一是会造成龙虾互相残杀，二是会造成部分龙虾蜕壳不遂，三是会造成部分龙虾因索饵而逃逸。饵料要求植物性饵料与动物性饵料、精饲料与粗饲料合理搭配，坚持"荤素搭配，精粗结合"的原则，一般按动物性饲料约占30%、植物性饲料约占70%来进行配比。投喂时要做到"四定"投饵，以达到科学投喂、吃饱吃好、快速生长之目的。注意为了便于检查小龙虾吃食情况，每块养殖田于围沟不同的位置应安置 3 ～ 5 个 1 米$^2$左右的食台，食台沉于水面下30 ～ 40厘米，在食台上投放饲料，以便观察小龙虾吃食情况。

（3）投喂量。可根据小龙虾的吃食具体情况进行投喂。在小龙虾生长旺季，坚持每日投喂两次，早晨和傍晚各一次，早晨投喂量占全天投喂量的30%，傍晚投喂量占全天投喂量的70%，日投喂量控制在稻田存虾总重量的5%左右。平时要勤检查虾的吃食情况，如食台上当天投喂的饵料在2小时内被吃完，则说明投喂量不足，可适当增加投喂量；如在翌日还有剩余，则要适当减少投喂量。一般以当天投喂的饵料在3～4小时内吃完为宜。

（4）根据生长情况、水温、天气、水质等调整投饲量。投喂技巧：坚持将饵料简单发酵或煮熟后投喂；坚持少量多餐（每天不少于一餐）；水温低于15℃或高于32℃时应少喂；傍晚和清晨多喂；天气晴朗时多喂，阴雨天、闷热天少喂，大风暴雨等恶劣天气不喂；投喂1个半小时后，空胃虾较多时适当增加投饲量；小龙虾大量蜕壳时少喂，蜕壳后多喂；水质良好时多喂，水质恶劣时少喂或停喂。

按水温、天气投喂：当水温低于12℃或高于35℃时，可不投喂。水温15℃左右时，隔日投喂一次，水温20℃以上，每天投喂一次。2～3月，天气较冷，小龙虾摄食量少，可用颗粒饲料或鲜活小杂鱼开食。3月，当水温上升到16℃以上，每月投两次水草，用量为100～150千克/亩；每周投喂一次动物性饲料，用量为0.5～1.0千克/亩；每日傍晚还应投喂一次人工饲料，养殖前期投喂量为稻田存虾总重量的1%～3%。清明以后，水温逐渐升高，可按稻田存虾总重量的2%～3%投喂颗粒饲料。5月中旬至6月为投喂高峰期，投喂量为稻田存虾总重量的5%～8%。7～9月，虽然仍是小龙虾摄食量较大季节，但高温季节由于水温较高，有时气压偏低，往往影响小龙虾正常摄食，天气正常时按小龙虾体重的3%～5%投喂即可。白露以后，小龙虾趋于性成熟，应加大投喂量积累营养。在小龙虾生长旺季，一般每天投喂两次，日投喂量为稻田存虾总重量的5%左右，8:00—9:00投喂全天饲料总量的30%，17:00—20:00投喂全天饲料总量的70%，以投喂植物性饲料为主；其余季节每天投喂一次。10～12月应多投喂一些动物性饲料，动物性饵料应切碎后投喂；秋冬季每3～5天投喂一次，于日落前后进行，投喂量为稻田现存虾总重量的3%～5%。在冬季，水温在10℃以上仍可以投喂南瓜、豆腐糟等植物性蛋白质类食物，直至天气转冷停止投喂。从翌年4月开始，逐步增加投喂量。在天气方面，晴朗天气应多投，阴雨天少投，闷热天不投，以免饲料腐烂变质败坏水质；在水质方面，水质清新可多投，水质较肥应少投。坚持每天早晚巡田，观察虾的活动情况。在投喂时间上，因小龙虾白天隐蔽在水草丛下阴暗地方，黄昏以后才出来觅食，因此投喂时间应在傍晚。除食台上定点投放饵料便于观察外，投饵方法一般全沟撒投，沟边坡面浅水处应适当多投。

按饲料类型投喂：颗粒饲料的投喂应根据龙虾不同的生长阶段，确定饲料中蛋白质含量。开春以后至

6月底之前为小龙虾的适宜生长期，必须加强营养，要求投喂粗蛋白质含量为30%～40%的颗粒饲料。高温期由于水温较高、闷热天气较多，影响龙虾正常摄食和新陈代谢，只要求投喂粗蛋白质含量为28%左右的颗粒饲料，同时搭配水草、南瓜等植物性饲料，高温以后（8月以后）天气转凉，水温逐步降低，小龙虾进入第二个生长高峰期，这个阶段必须投足投好饲料，要求投喂粗蛋白质含量为35%以上的颗粒饲料，同时投喂的数量一定要达到小龙虾摄食需求。每天的投饵量要根据月、日投饵计划和小龙虾吃食情况而定，具体做到"四看"，即"看季节、看天气、看水质、看虾的活动情况"。

按投放虾体的类型（仔虾或成虾）投喂：小龙虾饲料的比例一般是植物性饵料占60%左右，动物性饵料占40%左右。植物性饵料中，果实类与草类各占一半。在饲养过程中，根据大、中、小虾的实际情况，对动物性饲料、植物性饲料进行合理搭配，并做适当的调整。淡水小龙虾人工配合饲料中蛋白质含量：仔虾的饲料蛋白质含量要求达到30%以上，成虾的饲料蛋白质含量要求达到20%以上。①仔虾饲料配方。仔虾饲料中粗蛋白质含量37.4%，各种原料配比为：秘鲁鱼粉20%，发酵血粉13%，豆饼22%，棉仁饼15%，次粉11%，玉米粉9.6%，骨粉3%，酵母粉2%，多种维生素预混料1.3%，蜕壳素0.1%，淀粉3%。②成虾饲料配方。成虾饲料中粗蛋白质含量30.1%。各种原料配比为：秘鲁鱼粉5%，发酵血粉10%，豆饼30%，棉仁饼10%，次粉25%，玉米粉10%，骨粉5%，酵母粉2%，多种维生素预混料1.3%，蜕壳素0.1%，淀粉1.6%。豆饼、棉仁饼、次粉、玉米等在预混前再次粉碎，制粒后晾干2天以上，以防饲料变质。以上两种饲料配方中，另加水产饲料黏合剂(占总量的0.6%)，以增加饲料耐水时间。

按生长状况投喂：进行健康投喂。不管是投喂小龙虾配合饲料，还是投喂豆粕、小麦、玉米等，最好是先将饵料发酵5小时左右再投喂。饲料发酵方法：加新活菌王（枯草芽孢杆菌）、酶解多糖（主要成分为酵母菌、甘露寡糖等）（每千克饵料拌新活菌王15克、酶解多糖10克）和250克干净水搅拌均匀后，放到阴凉处放置5小时即可投喂。饲料投喂需注意天气晴好时多投，高温闷热、连续阴雨天或水质过浓则少投；大批虾蜕壳时少投，蜕壳后多投。要经常观察虾的活动情况，当发现小龙虾活动异常、有病害发生时，可少投或不投。成虾养殖可直接投喂绞碎的米糠、豆饼、麸皮、杂鱼、螺蚌肉、蚕蛹、蚯蚓、屠宰场下脚料或配合饲料等，保持饲料蛋白质含量在25%左右，日投饲量为存虾总重量的4%～10%，具体应根据季节、天气、水质、虾的生理状况而调整。

（5）以投喂作为防病的重要抓手。利用喂食来形成一个防病治病的抓手。为保证小龙虾在稻-虾共生状态下的健康生长，做到生态养殖，可在养殖中用野生中草药进行防病，这既可以降低成本，又能保证小龙虾的无公害性。在饵料中参入少量2～3种打碎的中草药，投喂的中草药有板蓝根、鱼腥草、大蒜、青蒿、马齿苋等混合食材，以预防和减少细菌、真菌和病毒引起的病害。每15天用中草药（如板蓝根、大黄、鱼腥草等比例混合制剂）进行预防。中草药具有天然、高效、毒副作用小、资源丰富等优点，中草药含有多种生物活性物质和天然营养物质，其中一些成分具有杀死病毒和细菌的功效，如多糖、生物碱、蒽醌类及黄酮类化合物等，能促进动物的机体代谢和蛋白质以及酶的合成，提高营养物质的利用率，提高免疫力、成活率并促进养殖动物的生长。马齿苋味酸性寒，具有清热利湿、凉血解毒的功效。荠菜味甘性平，有凉血止血、清热利尿的功效。可挖全草洗净，研磨成草浆浸泡动物性饲料，或晒干后研磨成细粉，拌饲料制成颗粒状投喂（细粉在使用前应浸泡），可以预防小龙虾的肠道病、烂鳃病。小龙虾防病时常用中草药还有五倍子、大蒜、大蒜素粉、苦参、黄芩、黄柏、大黄等，使用时可为小龙虾拌饵投喂。水产养殖中用野生中草药作为防病的添加料，既省钱又方便，既安全又有效。中草药需要煮水拌饲料投喂，使用剂量为每千克虾投喂0.6～0.8克，连续投喂4～5天。如果事先将中草药粉碎混匀，在临用前用开水浸泡20～30分钟，然后连同药物粉末一起拌饲料投喂则效果更佳。有研究表明，在基础日粮中添加中草药复合添加剂（0.3%大黄+0.3%淫羊藿+0.2%黄芪+0.2%板蓝根）可以促进小龙虾的生长，提高机体的非特异性免疫力以及抵抗白斑综合症病毒的能力。对于发病稻田中尚有小龙虾摄食时，可以投喂抗病毒和抗细菌中草药（板蓝根、大黄、鱼腥草、青蒿等）进行综合治疗。中草药制剂如清热解毒灵、五黄散、黄连解毒散、龙胆泻肝散等，有清热解毒、杀菌防病的功效，可适时使用。此外，还应注重添加内服制剂，在饲料中定期拌喂肠胃康，可保肝护肠，祛除肝肠毒素，有强免疫、抗应激、控病害的功效，预防后期疾病暴发。小龙虾因为规格不齐而不好掌控，早期蜕壳也很快，所以还要及时补钙。每隔15～20天，可以泼洒一次生石灰水，每亩用生石灰10千克，一方面维持稻田pH 7.0～8.5，另一方面可以促进小龙虾正常生长与蜕壳。

### 2.小龙虾养殖水体管理技术

（1）水位控制。养虾的稻田水位管理十分重要，既要满足小龙虾生长的需求，又要服从水稻生长的需要。最低水位时（早春），虾沟水深不得小于30厘米。调整水位时的换水的原则是：白天少换，傍晚后多换；晴天少换，阴天多换；有风少换，无风多换；虾密度小少换，密度大多换；水温低少换，水温高多换；虾浮头立即换水，虾病时多换。调整水位主要有以下3种措施：

一是根据季节变化调整水位。田间围沟养殖水位的变化，应掌握"春浅、夏满"的原则，从春季到盛夏逐渐递升，最深不大于1.5米。春季一般保持在0.6～1米，春季浅水不仅有利于阳光照射，提高水温，有利于水草的生长、螺蛳的繁育，而且有利于增进幼虾食欲和促进蜕壳生长。夏季水温较高时，水深控制在1～1.5米，有利于淡水小龙虾度过高温季节。冬季随着气温的下降，逐渐降低水位至60厘米。4～6月苗种放养初期，为提高水温，虾沟内保持在浅水位；7月水稻返青前期，田面水深保持在3～5厘米，以利小龙虾进入稻田觅食；8月水稻拔节后期，可将水位调至最大；水稻收割前期再将水位逐步降至田面露出为止，让小龙虾回到沟中，以利水稻收割。

二是根据天气、水质变化调整水位。小龙虾生长要求田间养殖沟水的溶氧充足，水质清新。为满足这一要求，应坚持定期换水。5～6月，每7～10天换水一次，每次换水10厘米；7～9月高温季节，每周换水1～2次，每次换水15厘米；10月后，每15～20天换一次，每次换水10厘米。平时要注意观测，水位过浅要及时补充；水质过浓要及时换水，并应保持水位相对稳定。此外，还要做好排涝、防洪、防逃措施的落实工作，随时掌握天气变化情况，一旦遇有暴雨天气，要及时检查进排水口及防逃设施是否完好，以防虾外逃，确保安全。

三是根据水稻生长、晒田、治虫等要求调控水位。在插秧后或小龙虾放养初期，田面平台水位宜浅，保持在5～10厘米。水稻有效分蘖初期采取浅灌，保证水稻的正常生长。在插秧后25天左右，为使空气进入土壤，田面得到阳光照射，增加水稻根系活力，同时为增温杀菌，应进行烤田。通常采用轻烤的方法，即将水位降至田面露出为宜（晒田时使环形沟水位低于田面15厘米左右），可适当缩短烤田时间，确保大田中间不陷脚，田边表土不裂缝和发白，烤田时间以水稻浮根泛白为宜，烤田结束后，立即恢复原水位。在水稻无效分蘖期，水位可调节至30厘米，既可促进水稻的增产，又可增加小龙虾的活动空间。随着小龙虾的不断长大和水稻的抽穗、扬花、灌浆，两者均需要大量的水，可将水位逐渐加深到30～35厘米。如果水稻在生长过程中需要喷药治虫，喷洒农药后也要根据需要更换新鲜水，为水稻、小龙虾的生长提供合适的生态环境。水稻收割前的半个月再次晒田，排水时先将稻田的水位快速地下降至低于田面5～10厘米，然后缓慢排水，促使小龙虾爬回环形沟中，最后环形沟内水位保持在50～80厘米。特别强调的是养殖沟中水位避免短期忽高忽低，应保持相对稳定，因为小龙虾有打洞的习性，水位经常变化，使得小龙虾每次繁殖前就得重新打洞，影响繁殖和生长。

（2）水质管理。水质问题也是养殖户容易忽视的一个大问题。一般认为淡水小龙虾对环境的适应力及耐低氧能力很强，但是长时间处于低氧和过肥或恶化的水质环境中会影响小龙虾的蜕壳速度，从而间接影响到它的生长速度和周期，进而影响到产量和品质。不良的水质不仅使小龙虾摄食量下降，甚至停止摄食行为，而且可助长寄生虫、细菌等有害生物的大量繁殖，致使养虾失败。水质是限制淡水小龙虾生长，影响养虾产量的重要因素。因此，应经常早晚巡田，观察水质等变化，并按照季节变化及水温、水色、水质状况及时调整，营造一个良好的水质环境。稻田养殖沟优良水色主要有淡绿色、黄绿色和茶褐色3种，而其他颜色较差，特别是黄泥色、砖红色、酱油色以及蓝绿藻色为危险水色的特征。

由于是稻田养虾，稻田里的稻秆枯草腐烂后导致水质发黑发臭，有的养殖户有条件的就换一下水，没条件的就不知道如何是好，另外很多养殖户片面认为水质越清越好。虽然小龙虾的适应能力强、耐低氧，但是良好的水质能让其生长得更好，并且外观干净良好。因此，对于稻田养虾模式下的虾沟必须定期改底，分解烂草、烂稻秆，调节水质。虾沟的水质并不是越清越好，而是肥度要适当，不能太"肥"，也不能太"瘦"，因此在养殖过程中，要根据情况适当补充肥料，培养浮游生物，增加水体中的溶解氧和营养物质，稳定水质。

适时换水。坚持"蜕壳高峰期不换水、雨后不换水、水质差时多换水"的原则。一般4～6月，每半个月换一次水，7～9月，每10天换一次水，每次换水20%～30%。平时要经常观察水质的变化，使水质长期保持在"肥、活、嫩、爽"的状态。肥：是指水色浓度适当，有利于小龙虾消化的浮游植物量较大。一般水体透明度保持在25～35厘米，水色呈茶褐色或草绿色。活：是指水色和水体透明度随着阳光强弱不同而不断变化。这主要是由于水中浮游植物的优势种群交替出现，充满活力。养殖户常说的"早清晚绿""早红晚绿""半池红半池绿"均是指这种变化。若稻田养殖沟中出现黄色和绿色交错在一起，一缕缕如云彩状的水花，则是水中不易消化的藻类过多，是水质转坏的表现，应及时换水。此外，养殖沟中的水不但在每天的不同时间有不同变化，每10～15天还有周期性变化，这就意味着有益的藻类种群处在不断被利用和不断增长的良性循环状态中。嫩：是指水肥而不老。水老的征象主要有两种，一种是水色发黄或呈黄褐色，另一种是水色发白。这些征象的出现，是由于水体内小龙虾不易消化的蓝藻大量繁殖或藻类细胞老化死亡导致水质恶化而形成的。爽：是指水质清爽，水色不太浓，水体透明度在30～35厘米。在小龙虾培育期间应经常保持水体透明度为30～40厘米。水体透明度用加注新水或施肥的方法进行调控。例如，早春低温水质较瘦如何肥水，可在早春选择晴天温度8℃以上进行，先杀虫，后肥水。先用消毒或杀虫剂将水体中浮游动物杀灭，一周后再肥水。推荐使用氨基酸发酵物＋腐殖酸钠肥水，每7～10天使用一次。

调节pH。每半个月泼洒一次生石灰水，用量为水深1米时，每亩10千克，使pH保持在7.5～8.5，同时可增加水体钙离子浓度，促进小龙虾的蜕壳生长。

定期泼洒光合细菌、硝化细菌、芽孢杆菌、酵母菌之类的生物制剂调节水体。特别是高密度的养殖，须调控好水质。一般泼洒生石灰一周后，选择晴天中午，按每亩使用光合细菌冻干粉0.3～0.5千克，加适量的红糖水，搅拌后置容器内暴晒1～2小时进行活化，再对水全田泼洒，建立藻、菌的平衡体系，稳定水质，消除水体中的氨氮、亚硝酸盐、硫化氢等有害物质。

### 3.小龙虾病害防治措施

小龙虾由于其生理特性和生态环境与鱼类不同，所以在疾病防治方面也有许多不同点，防治原则坚持"以防为主，防治结合，无病先防，有病早治"的方针。采取严格清田消毒、投放优质苗种、营造生态环境、投喂新鲜饲料、定期投喂药饵等措施，可有效预防虾病的发生。小龙虾一旦发病，应及时诊断病因，对症选药治疗，力求达到早治疗、早控制、早见效，将损失降至最低。具体注意事项包括以下几方面：

（1）药物预防。药物预防主要是做好消毒处理，采用生石灰等消毒剂，另外在平时的管理中应重点加强小龙虾活动区域的消毒处理，适当投喂药饵。药物的泼洒时间应遵守以下原则：缺氧时不用，一般在晴天9:00—10:00用；连续用药时间不宜太长，不能超过3天；如用其他药物治疗疾病，最好10天后再用。

（2）非药物预防。小龙虾与其他虾类一样，对鱼药的抗耐性较差，所以生态防治方法尤为重要，尤其是稻田养殖沟中鱼、虾、蟹混养，运用有益的预防方法，不仅能减少开支，而且能提高产量。①改善栖息环境，加强水质管理。清除过厚淤泥，勤换水，种植水生植物，使水体中物质始终处于循环状态；不投腐败变质的饲料；解决稻田养殖沟老化等问题。②彻底清田消毒。放养前要彻底清田消毒，杀灭病原体和敌害生物。要过滤进水，防止敌害生物入田。外来虾苗要用3%的食盐水溶液浸浴消毒后再放入稻田。另外，饲料、网具也要按常规消毒。③施用生物改良制剂。在水温25℃以上时，可以选择性地使用一些生物改良剂，使用方法可参照说明书。生物改良剂有许多，一般不会对虾类产生危害。另外，也可以投放一些蚌、螺或者花白鲢鱼苗来调节水质。④保持水体适宜的溶氧量和酸碱度。经常注入新水或配套增氧机，保持养殖沟水溶氧量在3毫克/升以上。每月视情况用生石灰（每吨水20克）全田泼洒，使pH保持在7～8。⑤加强田水水质管理。定期加注新水，调节田中养殖沟水水质。有条件的可定期用生石灰全沟泼洒，或定期泼洒光合细菌，消除水体中的氨氮、亚硝酸盐、硫化氢等有害物质，保持池水的酸碱度平衡和溶氧水平，使水体中的物质始终处于良性循环状态，解决沟水老化等问题。一般在养殖中后期每个月施用一次光合细菌，每次用量为每立方米水体5～6克。及时捞除烂草杂物，保持水质良好。⑥科学投喂饲料。以使用人工配合颗粒饲料为宜，按"四定"原则投喂。田中有残留饲料或水质恶变，多是由投饲过多所致。当水中溶氧低、水质恶化或恶劣天气时（如雷雨闷热天、连续阴天），要减少投喂量或停喂。投喂的饲料要新鲜，不投腐败变质的饲料，在配合饲料中可添加光合细菌及免疫剂。

⑦疾病要"防重于治，防治结合"。小龙虾大部分时间栖息于水的底层、水草上、洞穴中，平时在水中是很难看到。所以，当发现有以下情况，则说明小龙虾有可能生病了。一是巡田时发现小龙虾静伏岸边，或伏在水草上不动（非正常天气例外）。二是部分小龙虾在水草上端无力地爬动，行动呆滞，反应不灵敏。三是投喂的饲料没有像以前在正常时间内吃完。四是水质突变，如正常田间围沟内的水是混浊的，现在水质却突然变清等。五是发现个别或少量虾死亡时要引起足够重视，必要时要经技术部门检测确定死因。日常管理要重视定期预防，进行生态防控、综合防治，发现问题时，及时查明原因，对症下药。⑧避免使用对小龙虾特别敏感的农药、化肥。小龙虾对目前广泛使用的农药、鱼药和化肥反应敏感，特别对有机磷、菊酯类药物敏感，易造成中毒死亡。养殖过程中，避免使用有机磷、菊酯类等杀虫剂；禁止使用敌百虫、敌杀死等农药；禁止使用氨水和碳酸氢铵作为秧苗肥料。

小龙虾常见疾病治疗过程应按《无公害食品 渔药使用准则》（NY 5071—2002）要求操作。在使用药物时，要根据药物性质和治病部位来决定采用何种治疗方法。例如，内脏疾病，应采用内服法；体表疾病，可采用浸洗法和全田泼洒法。

### 4.小龙虾主要病害及防治技术

小龙虾病害发生原因主要有：消毒不彻底、水温突变、饲料变质、携带病菌、种虾规格不整齐、水体酸碱度不适宜等。

淡水小龙虾的疾病主要有生物因子和非生物因子引起的两大类。非生物因子引起的疾病是指缺氧、温度过高或过低、水体的pH过高或过低、农药及其他有毒有害物质对水体的污染引起的疾病。生物因子引起的疾病是指病毒、细菌、真菌、原生动物等有害病原体引起的疾病，以及养殖过程中由于饲料不足而引起的营养不良、操作不当而引起的应激性反应等而引发的疾病。疾病是一个复杂的生理过程，有很多疾病都是上述两类因子协同作用的结果。由于淡水小龙虾的适应性和抗病能力都很强，因此大规模发生疾病的概率很小。目前在我国天然水域存量的小龙虾和稻田养殖的淡水小龙虾大规模发生疾病的现象很少，主要是敌害问题。但在稻田中高密度饲养小龙虾时，由于追求最大的养殖效益，放养密度可能会很大，因此在防治敌害的同时仍要注意加强疾病的预防。淡水小龙虾主要疾病及防治如下：

（1）白斑综合症。近几年以来，白斑综合症病毒在小龙虾养殖中开始流行，并成为小龙虾养殖中的重要病害，给养殖业带来巨大损失。

白斑综合症的病原为有囊膜的杆状病毒。该病发病急，死亡率高。小龙虾患病初期停止摄食，反应迟钝，弹跳无力，不合群，随后有濒死虾在养殖沟边的水面上游动，病虾头胸甲膨大，且易被剥开，其表皮具圆形的白色颗粒或白斑。此病在梅雨季节易发生，多在4月下旬发生，一般到7月梅雨期结束以后，小龙虾白斑综合症会自动好转。

预防措施：目前尚无有效的防治药物，根本措施是强化饲养管理，进行全面综合预防。如已感染白斑综合症病毒，需要及时加以控制，进行必要隔离，及时清除病死虾，并做深埋处理；用二氧化氯消毒剂全沟泼洒，进行消毒处理，然后用大蒜素拌饲料连续投喂5天，大蒜素和饲料比例为1∶50；同时，在发病期间饲料一定要投足，可防止小龙虾相互残杀，降低小龙虾发病率。

生产预防：①所有养殖操作要参照相关养殖标准，并符合卫生防疫操作规范。②放养健康、优质的种苗。种苗是健康养殖的关键环节，选择健康、优质的种苗可以从源头上切断白斑综合症病毒的传播链。③增强体质，供给优质的饵料，加强水质管理，为小龙虾创造一个优良的环境条件。④控制合理的放苗密度。放养量不宜过多，放养密度过大，虾体互相刺伤，病原更易入侵虾体。⑤及时捞出病死小龙虾，无公害处理死亡小龙虾，采用深埋、焚烧、集中高浓度药物消毒处理等方法均可，可以防止该病的继续传播。⑥改善水质环境。可适当施用一些微生态制剂；保持适当水量和水体稳定，不要频繁换水，在必要换水时，切忌将患病虾田水未经消毒排入进水渠，在加注新水时要避免将已经污染的沟渠水引入稻田，并避免剧烈冲刷沟底，以免将底质污泥冲起。⑦对患病田水体及接触水体的工具、器皿、人员需要进行消毒杀菌处理，切断病原传播途径。⑧适当降低放养密度，及时捕捞成虾上市，在捕捞过程中，尽量小心操作减少人为干扰，避免引起小龙虾应激反应。

药物预防：①外用药。泼洒聚维酮碘或季铵盐络合碘，每10天泼洒一次，可交替使用，剂量可参照商品药物说明书。②免疫促进剂预防。对于没有发病的小龙虾，饲料中添加免疫促进剂进行预防，如β-葡聚糖、壳聚糖、多种维生素等（使用剂量参考商品药物说明书，每15天可以连续投喂4～6天），可提高小龙虾的抗病力。③内服药物。每15天可以用中草药（如板蓝根、大黄、鱼腥草等比例混合制剂）进行预防。中草药需要煮水拌饲料投喂，使用剂量为每千克小龙虾0.6～0.8克，连续投喂4～5天。如果事先将中草药粉碎混匀，在使用前用开水浸泡20～30分钟，然后拌饲料投喂则效果更佳。④按照每千克小龙虾用量20毫克的标准，用硫酸新霉素拌饲料投喂，连续5～7天为一个疗程，防止致病菌的混合感染。注意用药疗程完成4天以后，才能捕捞小龙虾上市。

（2）纤毛虫病。常见病原有累枝虫和钟形虫等。纤毛虫附着在成虾或虾苗的体表、附肢和鳃上，形成厚厚的一层"毛"，大量附着时会妨碍虾的呼吸、活动、摄食和蜕壳，影响其生长，尤其在鳃上大量附着时，影响鳃丝的气体交换，会引起虾体因缺氧而窒息死亡。幼虾在患病期间体表面覆盖一层白色絮状物，致使幼虾活动力减弱，影响幼虾的生长发育。该病对幼虾危害较严重，对于成虾多在低温时大量寄生。

防治方法：①彻底清沟，杀灭养殖沟中的病原，对该病有一定的预防作用。②保持合理的放养密度，注意田间养殖沟环境卫生，经常换新水，保持水质清新。③用3%～5%食盐水溶液浸洗病虾，3～5天为一个疗程。④用25～30毫克/升的福尔马林（40%甲醛水剂）溶液浸洗4～6小时，连续使用2～3次。⑤用浓度0.3～0.5毫克/升四烷基季铵盐络合碘（水产用四烷铵络合碘）全田泼洒。经常换新水，保持水质清新。⑥当发生小龙虾纤毛虫病时，先施用碧水爽（硫酸铝粉或多元有机酸）等类型产品，2小时后施用纤虫净（水产用硫酸锌粉）或纤苔净（印楝提取物）等，若较严重，第二天再施用一次；第二天施用水产用聚维酮碘溶液；如第三天小龙虾死亡情况没有较大改善，则施用精博劲碘（聚维酮碘溶液）或菌毒净（高碘酸钠溶液）+止血特灵（水产用恩诺沙星粉）等泼洒，同时内服氟苯尼考、肝胆康（水产用黄连解毒散）+维生素C钠粉，连服5天。⑦另外，投喂小龙虾蜕壳专用人工饲料，可促进小龙虾蜕壳，使其脱掉长有纤毛虫的旧壳。

（3）烂鳃病。病原为丝状细菌。症状为细菌附生在病虾鳃上并大量繁殖，阻塞鳃部的血液流通，妨碍呼吸，严重时病虾鳃丝发黑、局部霉烂，引起病虾死亡。

防治方法：保持饲养水体清新，并维持正常的水色和透明度是防治小龙虾烂鳃病的有效方法。①经常清除虾沟中的残饵、污物，注入新水，保持良好的水体环境，保持养殖环境的卫生安全，保持水体中溶氧量在4毫克/升以上，避免水质被污染。②每立方米水体用2克的漂白粉全沟泼洒，可以起到较好的治疗效果。

（4）螯虾瘟疫病。螯虾瘟疫病的病原是丝囊霉属的变形藻丝囊霉引起。病症是病虾的体表有黄色或褐色的斑点，在附肢和眼柄的基部可发现病菌的丝状体，病菌侵入小龙虾体内，攻击中枢神经系统，并迅速损害运动功能。患螯虾瘟疫病的病虾主要表现为失去正常的厌光性，可白天在开阔水域可见到病虾，有些患病虾运动完全失调，背朝下且不易纠正姿态。病虾呆滞，活动性大为减弱或活动不正常，极易造成病虾大量死亡。

防治方法：保持饲养水体清新并维持正常的水色和透明度是防治螯虾瘟疫病的有效方法。发病第一天全田泼洒精品一元笑（水产用二氧化氯）或水立爽（过氧化物复合剂），第二天全田泼洒每立克（植物源先导化合物溶液），第三天全田泼洒鳜鱼康（水产用大黄）；泼洒外用药物时，同时口服服尔康（水产用氟苯尼考粉）+肝胆利康散+酶合电解多维（主要成分为电解多维、复合酶、氨基酸、多聚糖等）3～5天。

注意事项：治疗时或治愈后须注意使用氧化类改水剂如8%二氧化氯或底立爽（过氧化物复合剂）等消除养殖水体的有机污物。

（5）偷死症。该病的病原有副溶血性弧菌、嗜水气单胞菌、弗氏柠檬酸杆菌等。该病的主要症状表现为小龙虾爬于岸边、活动迟缓、螯足无力、停止摄食等。

防治方法：①第一天全田泼洒酶合电解多维或葡聚糖包膜维C，隔4～8小时后全田泼洒底立爽，第二天全田泼洒聚维酮碘溶液。②第一天全田泼洒精品一元笑（水产用二氧化氯），第二天全田泼洒戊二醛溶液或顶典（聚维酮碘溶液）。③泼洒外用药物时，同时口服服尔康（或盐酸多西环素或恩诺沙星粉）＋肝胆利康散＋酶合电解多维3～5天。

注意事项：①该病多发生在5月左右，也常与固着类纤毛虫病并发。②副溶血性弧菌引起的小龙虾患病其主要原因是投喂冰鲜海水杂鱼。③治愈后，为防止病情反复，建议全田泼洒活力66（高纯度、高活性乳酸菌）或双效粒粒底改素（芽孢杆菌）以改良水质和底质。

（6）烂尾病。烂尾病是由于小龙虾受伤、相互蚕食或被几丁质分解细菌感染引起的。感染初期病虾尾部有水泡，边缘溃烂、坏死或残缺不全，随着病情的恶化，溃烂由边缘向中间发展，严重感染时，病虾整个尾部溃烂掉落。

防治方法：①运输和投放虾苗虾种时，避免堆压和损伤虾体。②饲养期间饲料要投足、投匀，防止虾因饲料不足相互争食或残杀。③发生此病时，每立方米水体用茶粕15～20克浸液全田泼洒；或用生石灰5～6千克/亩对水成石灰乳后全田泼洒。

（7）黑鳃病。在持续阴雨或强暴雨后，由于水体污染、真菌感染等原因，小龙虾鳃部受真菌感染引起。症状为鳃丝由起初的红色变为褐色，直至完全变黑，鳃萎缩。病虾往往伏在岸边不动，最后因呼吸困难而死。

防治方法：保持饲养水体清洁，溶氧充足，定期泼洒一定浓度的生石灰进行水质调节。每立方米水体用漂白粉1克全沟泼洒，或每立方米水体用臭氧复合制剂0.6克全沟泼洒，施药2天，一天一次，3天后每立方米水体用光合细菌5克全沟泼洒；或用亚甲基蓝10克/米$^3$对水成石灰乳后全沟泼洒；把患病虾放在3%～5%食盐水溶液中浸洗2～3次，每次3～5分钟。饲料内添加0.2%稳定型维生素C，连续投喂一周即可。

（8）甲壳溃烂病。此病是由几丁质分解细菌感染而引起的。感染初期病虾甲壳局部出现颜色较深的斑点，后斑点边缘溃烂，出现空洞。严重时，出现较大或较多空洞导致病虾内部感染，甚至死亡。

防治方法：①运输和投放虾苗虾种时，避免堆压和损伤虾体。②饲养期间饲料要投足、投均匀，防止虾因饵料不足相互争食或残杀。③发生此病时，每立方米水体用15～20克的茶粕浸泡液全沟泼洒。④每亩用5～6千克的生石灰全田泼洒，或每立方米水体用2～3克的漂白粉全田泼洒，可以起到较好的治疗效果，但生石灰与漂白粉不能同时使用。

（9）上草症、上岸症。淡水小龙虾为夜行性甲壳类动物，白天躲藏，夜晚出来摄食和活动。生产操作及观察基本都在晚上进行，如果白天能看到大量的虾或晚上有大量的虾在水面上，这都是小龙虾患病或生态环境不良而引起的现象。上草症、上岸症是小龙虾养殖过程中的常见症状，一是上草不下水，二是上岸不下水。上草不下水是指小龙虾爬上沟中栽种的水草顶部而不入水中；上岸不下水是指小龙虾爬上田埂岸边而不下水。

该症状多因天气突变、水质不良（尤其是底质不良如水草大量腐烂、水体中存在有毒有害物质）、养殖水体缺氧及药物残毒等引起，有时因长途运输入池后的小龙虾也因应激反应而发生上草症、上岸症。该症状多发生在5～7月，多数情况下与水体中溶氧不足尤其是底部的溶氧不足相关。

当养殖环境恶化时小龙虾多表现为上草不下水，即养殖的小龙虾爬在水草上不下水；但如养殖环境恶化严重时则多表现为上岸不下水，即小龙虾爬上池堤边而不下水。病情较轻时小龙虾多匍匐于水岸交接处，病情严重时小龙虾多爬上池堤。

防治措施：①预防。冬闲时及早清除养殖围沟底部过多的淤泥；使用已发酵有机肥，控制水质过浓；控制虾种放养密度；坚持巡田，常加新水，保持池水清爽。②治疗。发现有大量的虾在水面上，立即开动增氧机，同时换水。高温养殖期防止水草腐烂及有毒有害物质的积累是预防的核心，应定期使用过氧化物消毒剂如水立爽（过氧化物复合粉）或微生态制剂如活力66或活力58（复合粪产碱杆菌）等改良水质，同时也要做好预防有毒有害物质积累的工作。

注意事项：①因水草腐烂或缺氧引起小龙虾上草症、上岸症，首先全池泼洒康乐（过氧化氢溶液），然后再干撒粒立氧（过碳酸钠颗粒剂）或底立爽（过氧化物复混剂），第二天再使用活力66或双效粒粒底改素（芽孢杆菌）和磷酸氢钙1～2次改良水质，防止病症复发。②因氨氮、亚硝酸氮等过高引起的小龙虾上草症、上岸症，首先全沟泼洒氨净（氨离子螯合剂），第二天再使用活力66和磷酸氢钙1～2次。③因药物残毒引起的小龙虾上草症、上岸症，全沟泼洒水鲜（硫酸铝钾粉）或清爽（芽孢杆菌）等。④因天气变化引起的小龙虾上草症、上岸症，全沟泼洒酶合电解多维或葡聚糖包膜维C。⑤发生上草症、上岸症时不得使用任何颗粒性的强刺激性的药物如强氯精、溴氯海因等。

水面形成的油膜导致空气与水的气体交换受阻，使田沟下风口及底部缺氧，也会引起小龙虾发生上草症、上岸症并死亡。治疗方案：上午进行解毒、水质调节，解毒宁（乳酸、果酸复合有机酸）500毫升/瓶，1瓶对水泼洒；下午进行改底、增氧，红片一号（过一硫酸氢钾复合盐）500克/袋，一袋干撒。油膜变少，未见新鲜死虾，但有泥皮翻起；另外建议其使用水底爽（腐殖酸钠溶液）300克/亩，天气好时用培藻膏（氨基酸培藻素）加芽孢杆菌培藻。

（10）中毒症。一是由田中残饵、排泄物、水生植物和动物尸体的腐烂而引起的。二是由工业污水中的汞、铜、锌、铅等重金属元素含量超标而引起的。三是由杀虫剂农药而引起的。

病症分为两类：一类发病慢，小龙虾出现呼吸困难、摄食减少、零星死亡的现象，可能是田内有机质腐烂分解引起的中毒；另一类发病急，出现大量死亡，尸体上浮或下沉，在清晨池水溶解氧量低下时更明显。解剖时，可见鳃丝组织坏死变黑，但鳃丝表面无有害生物附生，镜检时没有原虫细菌。小龙虾中毒较轻时部分死亡，较重或特别严重时全部死亡。

防治方法：①清理水源，切断污染源。②立即将虾转入新田中培养，并增加溶氧量，以减少损失。③对于由有机质分解引起的中毒，可用降硝氨（硫代硫酸钠粉）和解毒安进行处理，田间按解毒安250克/亩（水深1米）配合降硝氨1千克/亩（水深1米），全田泼洒，可以有效缓解中毒症状。

（11）虾类的敌害。稻田饲养小龙虾，其敌害较多，如蛙、水蛇、黄鳝、肉食性鱼类、水老鼠及水鸟等。小龙虾放养前用生石灰清除敌害生物，每亩用量为75千克；进排水口设置20目纱网过滤水体；田埂上要设围栏严防敌害生物进入。

鱼害：几乎所有的肉食性鱼类都是淡水小龙虾饲养过程中的敌害，包括乌鳢、青鱼、鲤鱼、鳜鱼等，如虾苗放养后期有此类鱼活动，可用鱼藤精进行灭除。

鸟害：养虾田块中鸥类和鹭类的危害最大，由于鸟类是保护对象，只能用驱赶的方法驱鸟。可以养殖鹅来驱赶鸟，效果较好；也可在田边设置一些彩条、稻草人，恐吓、驱赶水鸟；或安置生物浮床（图18）、超声波驱鸟器（图19）等以驱赶水鸟；另外，用网拦等办法也很有效。

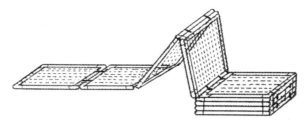

图18　稻田养虾防鸟的生物浮床

图19　田边设置超声波驱鸟器

其他敌害：如水蛇、蛙类、田鼠等都是吃幼虾、成虾的天敌，故要注意预防，其预防方法有用药、驱赶、捕捉、建防护墙等。

### 5.小龙虾的捕捞

在稻田里养殖小龙虾，只要一次放足虾种虾苗，一般饲养2～3个月，就有一部分小龙虾达到商品规格（个体重达30克以上），可捕捞上市。捕捞龙虾采用虾笼、地笼、围网等方法，按捕大留小的原则进行捕捞，将达到商品规格的小龙虾捕捞上市销售，把未达到规格的小龙虾继续留在稻田里养殖。降低稻田内小龙虾的密度，促进小规格小龙虾的快速生长，是降低成本、增加产量和提高养殖效益的一项重要措施。养虾稻田应该掌握捕捞的时机和技巧。

（1）确定捕捞时间。第一季捕捞从4月中旬开始，5月中下旬结束。第二季捕捞从8月上旬开始，9月底结束。捕捞时间也是相对的，对于水草和词料相对充足的稻田，可根据市场需求，常年捕捞。例如，3～4月放养的幼虾，7月即可开始捕捞，8月中旬集中捕捞，9月底全部捕捞完毕；9～10月放养的幼虾到翌年5～6月即可开始捕捞，8月底即可捕捞完毕。10月前后，当气温下降至18℃时，应及时起捕小龙虾，如种植的是单季稻，此时水稻已进入收割期，捕捞成虾比较方便。

（2）配好捕捞工具。成虾主要捕捞工具是地笼。地笼网眼直径应为2.5～3.0厘米，保证成虾被捕捞，幼虾能顺利通过网眼。成虾捕捞规格宜控制在30克/只以上。

（3）选择捕捞方法。稻-虾共作模式中，成虾捕捞时间至为关键，为延长小龙虾生长时间，提高小龙虾规格，提升小龙虾产品质量，一般要求小龙虾达到最佳规格后开始起捕。采用网眼直径为2.5～3.0厘米的大网口地笼进行捕捞。开始捕捞时，不用排水，每天夜间投放工具，清晨收捕小龙虾，直接将虾笼放于稻田及虾沟之内。隔几天转换一个地方进行捕捞，当捕获量渐少时，将稻田中的水排出，使小龙虾落入虾沟中，然后集中在虾沟放笼，直至捕不到达到商品规格小龙虾为止。一般连捕10天，停捕7天后再捕，如此反复至10月初小龙虾捕获全面结束。在收虾笼时，应将捕获到的小龙虾进行挑选，将达到商品规格的小龙虾挑出，将幼虾马上放入稻田，避免幼虾受挤压或机械损伤。

### 6.小龙虾的运输

淡水小龙虾生命力很强，离水保温状态下可以存活7～10天时间，因此商品淡水小龙虾的运输比较方便。

（1）干运法。可分为地面运输和空中运输两种。

地面运输：①运输容器：蛇皮袋、蒲包、木桶、木箱、硬纸箱等，其容量以20～30千克为宜。②运输工具：自动车辆、汽车、轮船等。③运前准备：按体质强弱、规格大小对虾进行分类，降低运输死亡率，提高运输存活率。④运输管理：每隔3～4小时，用清洁水喷淋一次，保持虾体有一定的温度，高温季节运输可加冰降温。

空中运输：①运输容器：泡沫塑料、聚乙烯、纤维板或瓦楞纸板等，其容量以30～50千克为宜。②装箱添加材料：粗麻布和木屑等，有助于防止虾体受伤、提高成活率。③运前准备：按体质强弱、规格大小对虾进行分类，降低死亡率，提高运输成活率。④装箱：添加冰块和添加材料。

（2）水运法。是指在运输容器中装水运输。①运输容器：帆布篓、木桶、水缸、帆布袋、尼龙袋等。②运输工具：自动车辆、汽车、轮船等。③虾、水比例：以（1～1.5）：1为宜。④运前准备：按体质强弱、规格大小对虾进行分类，降低死亡率，提高运输成活率。⑤装箱（袋）添加物：氧气袋、冰块或泥鳅（少量）、凤眼蓝等。⑥运输管理：每4～5小时翻动虾体一次，运输时间超过24小时，可在容器中加放青霉素，按5升水加入10毫克青霉素为宜。

（3）尼龙袋装运法。是指在尼龙袋中充水充氧运输小龙虾，其特点是灵活、轻便、运输密度大、成活率高（达98%以上），适合长途运输。①尼龙袋规格：长70～80厘米、宽40厘米，前端留有10厘米×15厘米的装水空隙，外面套一个袋子。②运量：8～10千克/袋。③虾、水比例：1：1。④装运添加：充氧、加冰。

（4）箩筐带冰运法。①特点：便于堆架，运量大，可长途运输。②运量：50～80千克/筐。③运输时间：可达48时。④成活率：90%以上。

（5）蛇皮袋装运法。①特点：适合短途运输，不能挑运、抬运、吊运等。②运量：袋容量的1/3～1/2。③运输时间：12小时以内。④成活率：90%以上。⑤运输管理：每2～3小时用清洁水喷淋一次，高温时加冰块降温。

首先，要挑选精神足、刚捕捞上来的小龙虾，最好每个塑料泡沫箱装同样规格的小龙虾，先一层一层地把龙虾的头朝同一个方向摆好，用清水冲洗干净，再摆第二层，摆到最上一层后，铺一层塑料编织带，撒上一层碎冰，每个箱子放1.0～1.5千克碎冰，盖上盖子封好。

其次，要计算好运输的时间，正常情况下，运输时间控制在4～6小时，如果时间长，应中途开箱撒碎冰，如果中途不能开箱加冰，在装箱时应多放些冰，以防止冰块融化完后又遇高温，导致虾大量死亡。

最后，泡沫箱不要堆积得太高，正常在5层以下，以免堆积过高，压死小龙虾。在小龙虾的储藏与运输过程中，小龙虾的死亡率正常控制在2%～4%，超过这个比例，应思考该储运方案是否合适并及时做出调整。

## （四）小龙虾养殖中常见问题的解决

### 1.小龙虾回捕量少的原因及解决措施

（1）原因分析。①虾放养量不足。无论单养、混养都存在放苗不足的问题。小龙虾抱卵量100～700粒，平均237粒。卵经过孵化后发育成幼虾，一只亲虾一年产虾苗50～200只。因此，虾苗放养不足便会影响回捕量。②苗种雌雄比例失调。一是上一年对稻田中的雄虾进行大量捕捞（无论大小规格），致使翌年雌虾多。从4月开始捕捞的几乎全是性未成熟的雌虾，虾苗量也少。二是放养苗种时未进行雌雄鉴别，使有的田口中雄虾多，再加上田中隐蔽物不足，雄虾为了争配偶，出现相互残杀的现象。③苗种成活率低。一是有的养殖户想快速致富，纷纷从外地购买苗种，由于不明其来源，小龙虾苗种在下田后陆续死亡。因为他们所买的苗种，有的是从市场上收购的，有些甚至是药捕虾或是受了严重内伤的虾，其成活率可想而知。二是由于远距离运输，小龙虾鳃丝缺水，下田时又未做缓冲处理，直接下田，其苗种成活率也不高。④生态环境不好。小龙虾与其他甲壳类动物一样，必须蜕壳才能完成其突变性生长。但小龙虾在蜕壳时及刚蜕壳不久，对敌害的抵抗力很弱，因此，如果田口中缺少水草，无法为小龙虾提供蜕壳、栖息、隐蔽场所，其成活率也很少。⑤饵料不足。小龙虾严重饥饿时会以强凌弱，相互格斗。但目前多数养殖户存在一种"望天收"的思想，不根据水体中饵料生物丰歉来进行投喂，致使水体中饵料缺乏，小龙虾自相残杀。⑥未及时回捕。小龙虾的整个生命周期为24个月。一部分小龙虾性成熟交配后，容易死亡，尤其是雄虾。⑦发洪水后小龙虾逃跑。据大多数养殖户反映，发洪水前小龙虾能大量回捕，发洪水后小龙虾几乎捕不到。这是因为小龙虾在水位、水质突然发生变化，容易由一个水体进入另一水体。因此，做好防逃设施也很重要。

（2）解决措施。①小龙虾苗种应就地收购就地放养，最好自繁苗种，同时注意避免药捕虾。虾收购时离水时间不能太长，一般要求离水时间不超过3小时。亲虾和虾苗规格要尽量整齐，体质健壮，无病无伤。目前普遍采用的且效果好的小龙虾人工增殖养殖方式为：在每年7～9月，每亩稻田投放经挑选的亲虾18～20千克/亩，雌雄比例为3：1，亲虾的规格在40克/只以上，使亲虾在稻田内自然繁殖，翌春孵出小苗进行养殖。②适时回捕。小龙虾翌年性成熟，9月离开母体的幼虾在翌年7～8月性成熟；6月离开母体的幼虾在翌年4～5月性成熟。小龙虾性成熟交配后，雄性容易死亡。一般饲养2个月左右，当小龙虾的规格达40克/只以上时，可捕捞上市，捕捞小龙虾采用虾笼、地笼、围网等方法，捕大留小。③及时补充水草和饵料。尤其在7～8月，水草腐烂后应及时补充水草，以满足小龙虾生长和蜕壳的需求。在主养小龙虾的田块，由于放苗量大，需在放苗后3天内，投喂绞碎的小鱼和碎肉。在之后的一个月内投放小杂鱼、下脚碎肉或配合饲料，待虾苗长至6～7厘米时，可全部投喂轧碎的螺蛳、河蚌及适量的植物性饲料（如麦子、麸皮、玉米、饼粕等）或配合饲料。日投喂量以吃饱、吃完、不留残饵为准，一般中、小龙虾按存虾总重量的15%～20%投喂，成虾按存虾总重量的5%～10%投喂，具体可根据虾的吃食情况进行调整。④加强管理。根据水中饵料生物的量适量进行人工投饵，确保小龙虾生长和及时上市。保持水质的清新，严防水质受到工业污染、农药污染和化学污染。若发现小龙虾反应迟钝，游集到岸边，浮头并向岸上爬时，说明缺氧严重，要及时注水或开增氧机增氧。另外，及时清除小龙虾敌害。⑤做好防逃设施。小龙虾有掘洞的习性，所以稻田养小龙虾围沟的围埂至少宽5米，围网也应下埋2米深，以防小龙虾逃跑。⑥幼虾补放。第一茬捕捞完后，根据稻田存留幼虾情况，每亩补放体长3～4厘米幼虾1 000～3 000只，应从周边稻虾连作的稻田或池塘、沟渠中采集幼虾。挑选好的幼虾装入塑料虾筐，每筐重量不超过5千克，每筐上面放一层水草，保持潮湿，避免太阳直晒，运输时间不应超过1小时，运输时间越短越好。⑦亲虾留存。由于小龙虾人工繁殖技术还不完全成熟，目前还存在着运输成活率低的问题，为满足稻田养虾的虾种要求，建议在8～9月成虾捕捞期间，前期应捕大留小，后期应捕小留大，目的是留足翌年可以繁殖的亲虾。要求亲虾存田量每亩不少于15～20千克。

### 2.小龙虾蜕壳不遂的原因和防治

小龙虾的生长过程会多次蜕壳，它的生长必须依赖蜕壳，虾每次蜕壳前都需要营养来为它提供能量，需要大量的钙元素来补钙。小龙虾蜕壳后是虾最虚弱的时期，很容易被病源侵入。所以，每次小龙虾蜕壳不止决定了小龙虾的生长，也决定了小龙虾的生死。

在内外环境（内部环境：虾体质；外部环境：水环境）合适的情况下，5克/只左右的小虾苗在3～4天会蜕壳一次，10～20克/只的小虾在4～6天虾蜕壳一次，30克/只以上的大虾一般10天蜕壳一次，1～2天后壳变硬。在小龙虾的一生中可以蜕壳十几次，每次都是生与死的蜕变。

（1）小龙虾蜕壳不遂的原因。

外部环境：即水环境对蜕壳的影响。①水中钙元素含量不足。小龙虾在蜕壳时是需要向水体吸收大量的钙元素来进行蜕壳。因此，水中钙元素含量不足会影响小龙虾蜕壳。②放养密度过大。小龙虾蜕壳时需要一个相对安静的环境和独立的空间，应避免同伴干扰，因为相互干扰会使蜕壳时间延长，或者蜕壳不遂而死亡。③水温突变。小龙虾在蜕变时体质是最虚弱的时候，这个时候如果水体温度变化过大，会让它产生应激性反应而无力蜕壳。温度过低或过高都会阻碍蜕壳。④光照太强、水的透明度太大。当整个虾池都清晰见底，阳光直射底部会让小龙虾感到很不适应，没有安全感，从而整天都全池乱游而不蜕壳。⑤水体过肥。水体过肥会导致小龙虾蜕壳时间延迟。⑥水质不良，底质恶化。池水长期处于低溶氧量状况下，或夜间溶解氧量偏低，水底有害物质过多，使小龙虾处于高度应激状态，无力蜕壳。

内部环境：即小龙虾自身的体质及生长情况。①营养不足，体质虚弱。小龙虾在蜕壳时需要自身提供大量的能量，而这些能量得靠营养物质来转化。所以，在小龙虾要蜕壳时，应投喂高动物性蛋白质饵料。②药物影响。乱用药物，会使小龙虾产生生理混乱，如抗生素等应用药物过多影响蜕壳或产生不正常现象。③虫病害影响蜕壳。纤毛虫会影响小龙虾蜕壳，造成蜕壳不遂。小龙虾得病后，进食减少，体质虚弱，蜕壳时体力衰竭，轻则无力蜕壳，重则导致死亡。

（2）防治措施。在养殖过程中，当然是防重于治。为了让小龙虾顺利蜕壳，应在小龙虾蜕壳前做好准备工作。在养殖过程中要做到外调好水环境、内注重营养。①要定期改底调节水质。做到每10～15天用一次强效底净（硫代硫酸钠粉）改底及用一次水博士（光合细菌、芽孢杆菌）调水，使水环境达到最优，蜕壳得到保证。同时，保持水体中适宜的钙元素含量。最好是一周用一次应激硬壳灵（主要成分为水产用矿物盐预混料、水溶维生素C、氨基酸、离子钙、葡萄糖酸钙等），使水中钙元素充足，也让蜕壳后的新壳能短时间变硬，安全度过危险期。调节水体酸碱度，每半个月泼洒一次生石灰水（水深1米时，用量为每亩6～8千克），使pH保持在7.5～8.5，同时可增加水体钙离子浓度，促进小龙虾的蜕壳生长。②在投喂高蛋白质饵料时，最好伴内服，让小龙虾能更好更安全地吸收，否则高蛋白饵料也会造成小龙虾肠炎等问题。或在饵料中添加促生长钙宝（水产用盐酸甜菜碱预混料）+免疫多糖（主要成分为黄芪多糖、维生素E、稳定型维生素C、β-葡聚糖）+维生素C钠粉，水深1米时用硬壳宝（氨基酸螯合剂）或钙磷双补（活性钙磷）200克/亩+维生素C 200克/亩泼洒。蜕壳后及时添加优质饲料，严防因饲料不足而引发小龙虾之间的相互残杀。③定期杀菌消毒。只有定期杀菌消毒，才能保证小龙虾在蜕壳时，不被病原侵害。如在人工繁殖虾池塘里，最好是用碘制剂如超碘

（聚维酮碘），这样对小龙虾刺激性小，才能让它更顺利地度过蜕壳期。④保持水质清新、溶氧充足。在小龙虾生长旺季大量投饵时，要注意及时清除吃剩的饵料。同时，确保水源要清洁卫生、无污无毒。

3.灾害性天气的应对

夏天天气不稳定，时凉时热，忽晴忽雨；梅雨季节持续低温阴雨；冬天水体结冰。灾害性天气应对措施：

（1）天气转变前调水至最佳状态。实践表明，水色浓和透明度低更易抵御灾害性天气。在灾害天气到来之前，应努力提高水位，增加蓄水量。但要注意暴雨来临时，田间水体上涨溢出，要及时排水预防小龙虾逃逸。

（2）灾情发生期间处理技巧：开增氧机；投放沸石粉；每亩投放2千克左右葡萄糖和200克维生素C。在使用内服药时，也可以结合使用光合细菌和EM菌，用量是饲料的0.3% ～ 0.5%。

（3）气候不稳定，夏天天气时晴时阴时雨，昼夜温差较大，易造成小龙虾浮头。应关注天气变化，提前做好防抗应激工作。对此，应使用应激宁（六味地黄散）＋超C（水溶性维生素C钠粉）（1：1）或降解灵（腐殖酸钠）＋金多维（强效黄金多维）（1：1）等。当遇到缺氧浮头较严重的现象时，建议立即用纳米氧＋离子对钙，傍晚或午夜加量使用六控底健康（多聚糖苷）＋粒粒神（棕油基羧酸钾），用量为167克/亩。

（4）当水中溶氧低、水质老化或遇雷阵雨闷热天、连续阴天等恶劣天气时，应减少投饵量或停止投饵，并注意观察。若发现小龙虾反应迟钝，游集到岸边，浮头并向岸上爬时，说明缺氧严重，要及时注水或投放生石灰。

（5）在梅雨季节小龙虾摄食量减少，营养需求量大，此时需要补充额外的养分才能满足其生长需求，提高抵抗力。梅雨季节来临前全田使用一次优碘（聚维酮碘），杀灭水体中的细菌、病毒，降低小龙虾发病率，避免因阴雨天不能用消毒剂而导致伤亡增加的现象发生。梅雨季节投喂量一般控制在小龙虾吃到七八成饱即可。梅雨天气饲料难储存，易发霉，注意投喂饲料的新鲜度。

（6）冬天，在冰冻来临前及早提高养殖沟水位，遇到冰冻天气要及时破冰增氧。

### 4.出现青苔的应对措施

青苔是刚毛藻、水网藻、水绵等丝状绿藻的俗称，也称青泥苔。大部分青苔在低温季节、水质透明度高的静水中生长旺盛，稻田虾沟中就比较容易长青苔。

（1）青苔产生因素及影响。①冬季虾沟易长青苔的因素。冬季温度低，水瘦难肥；很多养殖户没有进行清沟工作或者清池不彻底，同时在加水过程也容易引进青苔；稻田水质偏酸；有的稻田的稻秆没有进行处理使得稻秆竖立增加了青苔的受力面积。②青苔对虾沟的影响。青苔会吸收虾沟里的养分，导致水瘦进而使水草长势差、浮游生物减少；青苔浮在水面也会影响水草和有益藻类进行光合作用进而影响虾的生长；过多的青苔会影响虾活动觅食甚至将虾缠死，部分青苔死亡能够产生毒素使虾中毒死亡；虾误食青苔导致消化不良引起肠炎等。

（2）青苔的防治。早春温度较低时，养殖水沟中偶尔会出现青苔，根据其数量的多少采取不同措施。①青苔的治理。如果沟水中青苔量不大，应尽量捞起来，并及时肥水即可。这个时候建议施低温肥即氨基酸肥，也可以使用鸡粪（注意要使用发酵过的鸡粪），补充有益藻种。如果青苔量很多，同样需要人工捞除，先清除大部分青苔，然后使用青苔净（水质改良剂）杀灭剩余青苔并在翌日用解毒剂进行解毒。待青苔死亡腐烂，应采用换水、调水、改底的方法，对水质和底质进行改良，随后培肥水质防止青苔再次大量繁殖。水草上长青苔的解决方法：当发现青苔滋生时（一般出现在5月左右），应及时使用底改黑金（腐殖酸钠）或青苔克（二甲基三苯基氯化磷），能有效控制青苔的滋生蔓延；如果青苔已经大量生长，亦可泼洒青苔克，2～3天后，青苔发黄，与水草分离且浮在水面，及时捞出即可。需要说明的是该产品不伤水草，套养花白鲢的养殖沟应将药品稀释2 000倍后使用。而用化学药物如硫酸铜、漂白粉、生石灰等进行杀灭处理时，虽然都能够杀死青苔，但对虾有一定的影响，在有虾的稻田要慎用。通常可用杀苔药拌磷肥7.5～10千克/亩进行局部点杀，若青苔厚应在点杀的第二天补施腐殖酸钠，第三天进行肥水，可有效控制青苔，然后及时使用长根壮草宝（氨基酸培藻素），恢复水草的活力。所有施肥、施药应在天气晴朗时使用。②青苔最好以预防为主。水稻生长期间，在进水或排水时最好在进、出水口用细网过滤。水稻收割后，冬季稻田厢面平台冻晒要充分，消毒要彻底，肥水要及时。在9月商品虾捕捞完毕后，注意清沟。此外，稻田养殖围沟还可以通过培养虾的天然饵料，及时肥水，维持水的肥度，预防青苔的发生。

## （五）小龙虾四季生产管理技术

### 1.春季管理技术

（1）稻田改造及养殖沟的清淤。对于新养殖田块，1月底前完成稻田工程改造，为水草种植生长留出充足的时间；对于第二年养殖田块，清理虾沟，除去浮土，修正垮塌的沟壁。同时，清除稻田中危害小龙虾的有害生物。

（2）稻田消毒、培水与植草等。①消毒。对于新改造稻田，宜选用生石灰等进行消毒，放虾前15天在虾沟中泼洒生石灰（75～100千克/亩）进行彻底清沟消毒，杀灭野杂鱼类、敌害生物和致病菌；对于留有亲虾的稻田，则应采用茶粕浸泡水进行消毒，每亩用量20～25千克；对新开挖稻田，用水质保护解毒剂进行解毒，以降解稻田中的农药、杀虫剂、重金属残留及稻田消毒时水体中的残留毒素，提高放养后虾苗成活率。②施肥培水、控制水位。早春水质瘦，水中饵料生物少，一次施足农家肥1 000 ~ 2 000千克/亩以培育饵料生物。此外，也可用生物肥或肥水膏2 ~ 2.5千克/亩+氨基酸类产品1千克/亩，培育好水色。放虾前7 ~ 10天，往田沟中注水60 ~ 70厘米；对已养殖小龙虾的稻田，当水温升到10℃左右有小龙虾离开洞穴出来活动时，就要加水，一次将水加足，刺激洞穴内小龙虾出洞，做到早开食。③水草种植。稻田养殖小龙虾时，水草种植的品种优选轮叶黑藻、菹草和伊乐藻，施用腐熟有机肥后，随即栽植水草，移栽工作在2月底前完成，并根据水质等情况进行适当肥水以促进水草生长，保证沟中水草覆盖率达到30%左右，以满足小龙虾生长发育所需环境。为了给虾种提供饵料，可投放部分螺蛳，让其自然繁殖。

（3）小龙虾苗种投放。补足虾种苗，3 ~ 4月中旬，待水草扎根发芽后，将虾苗均匀投放到沟、大田中，一般选择在晴天早晨和傍晚或阴天进行，避免阳光暴晒。根据虾苗的大小，合理安排投放密度。

投放的苗种以自主繁育的虾苗为宜，规格尽量一致，否则会出现大虾吃小虾的现象。如从外地购买虾苗，运输时间不宜超过2小时，同时确保虾苗用地笼从养殖水体直接捕捞装筐，要求虾苗体表光洁亮丽、健康活泼、生命力强。

放养前，小龙虾苗种先消毒后试水。先用

2%～4%食盐水溶液洗浴5～10分钟，然后试水，经试水确认安全后，才可投放苗种。根据放养后小龙虾应激表现，放养后可在稻田泼洒维C应激灵，以减轻小龙虾苗种应激反应，提高成活率。

（4）日常管理。①加强投喂。一般投苗后，适当投喂经浸泡过的大豆、玉米等植物性蛋白质饵料。开食后，小龙虾摄食相对较旺，尤其对动物性饵料需求量较大，投喂时必须增加动物性饵料。以投喂颗粒饲料为主，蛋白质含量28%以上，投饵量为存虾总重量的3%左右。②监测和调节水质。监测水体酸碱度、溶解氧、氨氮等理化指标；用增氧机增氧，用光合细菌、EM菌等生物制剂配合安琪酵母肥（酵母菌）一起使用，调节水质。水位过浅，或水温高于30℃，对小龙虾的生长都极为不利，所以养殖季节要经常补充新水，保持一定的水位、水温。③监控水草变动情况。观察稻田水草变动情况，如围沟中水草迅速减少，应及时补种伊乐藻或投放浮水植物，并适当增大投饵量。④防敌害、防病。每日早晚巡田，防敌害、防病。注意注水时一定要查明水源情况，以防污染水体进入养殖沟。

## 2.夏季管理技术

（1）适时捕捞。6月上中旬，集中捕捞销售达到上市规格的小龙虾，余下小规格的小龙虾暂养于虾沟。捕捞时一般遵循捕大留小的原则。捕捞时，应选择网眼较大不卡幼虾的地笼进行捕捞。捕出的成虾若有抱卵亲虾或达不到上市规格的，可留下继续饲养。如果沟中小龙虾密度过大，可以用网眼较小的地笼捕出部分仔虾，以防密度过大缺氧死亡。要适时捕捞成虾、大规格幼虾，调整好仔虾密度。不可采用药物捕捉，否则会影响到小龙虾的质量。

（2）补投虾苗。6月中下旬成虾捕捞完毕后，根据田中虾的数量重新补投虾苗，投放虾苗方法与春季虾苗投放方法相同。需要注意的是，高温时不能使用盐水对虾苗进行消毒，可选用20毫克/升的高锰酸钾或聚维酮碘溶液浸泡消毒5～10分钟。

投苗后几天，需要投以绞碎的小鱼和碎肉。开食后，小龙虾摄食相对较旺，尤其对动物性饵料需求量较大，投喂时必须增加动物性饵料，如小杂鱼、碎肉或配合饲料等，同时适当搭配植物性饵料，如煮熟的小麦、玉米等。投喂时，考虑到大、小虾仍处于同一沟渠内，为了防止争食，宜先投成虾料，日投喂量为存虾总重量的2%～3%，让成虾先吃饱，再投鱼糜或绞碎的蚬肉等，供仔虾、幼虾摄食。待虾苗长至6～7厘米时，可全部投喂轧碎的螺蛳、河蚌及适量的植物性饲料（如麦粒、麸皮、玉米、饼粕）或配合饲料等。

（3）日常管理。

梅雨季节：夏季多雨水，易引起沟堤破损或田水漫溢，应注意加强巡视，加固进出水口，防止小龙虾逃逸。在多雨季节，因经常下雨，光照不足，地表污物、泥土等随雨水流入养殖大田，往往会造成水质变差、疾病发生等情况，因此要提前做好预防措施。①在梅雨季节来临前，用浓度为0.3毫克/千克的强氯精（准确计算用量）全田泼洒。②在正常养殖情况下，生石灰由每15天使用一次，改为每10天使用一次，使用浓度为10～20毫克/千克，全田泼洒。③在消毒剂使用3天后，每15天左右使用光合细菌冻干粉500克/亩（水深1米），对于干净水，选择在晴天中午进田泼洒或用100瓦白炽灯照射2小时左右活化后，全田泼洒。④连续几天阴雨后，可使用EM菌粉300克/亩（水深1米），经活化（方法同光合细菌）后，对水全池泼洒，另加虾康（蛭弧菌）200毫升/亩（水深1米），对水全田泼洒。⑤田沟中水生植物覆盖超过1/3时，应人工割除多余部分，增加沟渠光照面积，如果沟中水生植物不足时应人工投喂，增加小龙虾对维生素的摄入。⑥投喂优质饲料，根据天气、水质等情况，按"四定"原则投饵，加强对小龙虾取食的观察和管理。同时，以投喂作为防病的抓手，定期在饵料中添加中草药，必要时在饲料中添加免疫多糖，按投喂饲料量的0.25%添加，高稳易还原维生素C（高稳三聚磷酸酯化维生素C）按投喂量的0.1%添加。

高温气候：①在沟渠内多增加一些遮阳设施，为小龙虾提供遮阴休息的场所，如棚架、有益的漂浮植物等。②每半个月将田里的水更换2/3，补给新水，保证田水不变质。③定期用生石灰稀释液全田泼洒，每亩用量约25千克。用生石灰清田消毒，既能起到杀菌消毒净化水质作用，又能增加稻田的钙元素含量，有利于小龙虾的蜕壳生长。④严格注意饵料的投喂量，每天观察投喂的饵料是否被吃完，如有剩余，应及时地捞出，否则会破坏水质，产生病菌，致使小龙虾生病。

（4）捕捞销售。一般饲养2个月左右，当小龙虾规格达40克/只以上时，可捕捞上市，捕捞小龙虾采用虾笼、地笼、围网等方法，捕大留小。

### 3.秋季管理技术

（1）苗种投放。对于初次养殖的稻田，8月底至9月，往稻田的环形沟和田间沟中投放亲虾，每亩投放20～30千克，对于已养虾的稻田，每亩投放5～10千克。亲虾投放前，环形沟和田间沟应移植占水体总面积40%～60%的浮游植物。亲虾应从养殖场或天然水域挑选体质健壮、无病无伤、色泽好的小龙虾，挑选好的亲虾用不同颜色的塑料虾筐按雌雄分装，每筐上面放一层水草，保持潮湿，避免太阳直晒，运输时间应不超过3小时，运输时间越短越好。亲虾按雌雄比例（2～3）：1投放。放苗前进行水体解毒和做好防应激措施，投放时将虾筐反复浸入水中2～3次，每次1～2分钟，使亲虾适应水温，然后投放在环形沟和田间沟中。

（2）饲养管理。8月底投放的亲虾会自行摄食稻田中的有机碎屑、浮游动物、水生昆虫及水草等天然饵料外，同时宜少量投喂动物性饲料，每日投喂量为亲虾总重量的1%。

（3）水质管理。9月高温季节，应每10天换水一次，每次换水1/3；每20天泼洒一次生石灰水调节水质，每亩用量25千克。

（4）日常管理。每天巡田检查一次。做好防天敌、防汛、防逃工作。维持虾沟内有较多的水生植物，数量不足时要及时补放。大批虾蜕壳时不要冲水、不要干扰，蜕壳后增喂优质动物性饲料。12月前每月宜投一次水草，水草用量为150千克/亩。每周宜在田埂边的平台浅水处投喂一次动物性饲料，投喂量一般以存虾总重量的2%～5%为宜，具体投喂量应根据气候和虾的摄食情况调整。

（5）商品虾捕捞。8～9月放养的虾，在12月进行捕捞，捕大留小。

### 4.冬季管理技术

（1）水位管理。稻谷收割后要及时灌水（水深30厘米左右）。稻谷收割前大多数的亲虾都在田地里和田埂边掘洞穴居，亲虾出洞抱卵孵化取决于稻地灌水的迟早，因此要及时的灌水，确保亲虾尽早出洞孵化。冬季气温开始逐渐下降，昼夜温差大，要谨防苗种冻死。适当地提高水位可以保持水质的清新，还可起到保温防冻减少苗种应激死亡作用。11～12月，保持田面水深30～50厘米，随着气温的下降，逐渐加深水位至40～60厘米。冬天遇到冰冻天气要及时破冰增氧。

（2）稻田肥水。冬季肥水有利于稳定水体、促进虾苗吃料和生长、促进水草生长、减少光照对虾苗的刺激、抑制青苔、培养天然饵料。

放虾前7～10天注水施肥，每亩施腐熟的畜粪肥100～150千克，培育浮游生物。移植伊乐藻、竹叶眼子菜等水生植物，覆盖率达40%以上，布局要均匀。水草可吸收池中过量的肥分，同时进行光合作用，防止池水缺氧，另外水草多可滋生水生昆虫，补充小龙虾动物性蛋白质。

（3）虾种投放。12月初，每亩稻田放养抱卵亲虾30～40千克。放养前将虾种在田水中浸泡1～2分钟，提起搁置2～3分钟，再浸泡1～2分钟，重复2～3次，让虾吸足水分后再放养，可提高成活率。

（4）饲料投喂。越冬前多喂些动物性饲料，增强体质，提高冬季成活率。水温低于12℃时，不投喂。翌年3月，当水温上升到16℃以上，每月投喂水草两次，水草用量为100～150千克/亩，每周投喂一次动物性饲料，用量为0.5～1.0千克/亩。每日傍晚还应投喂一次人工饲料，投喂量为稻田存虾重量的1%～4%，可用的饲料有饼粕、麸皮、米糠、豆渣等。

（5）定期巡视。每天巡视两次，发现异常及时采取对策。

## （六）提高稻田小龙虾养殖效益的措施

提高"稻+小龙虾"生产效益，应实行"八字精养法"，其主要措施及内容总结如下。

## 1.水

养虾稻田的水体环境条件包括水源的水质与水量、稻田面积与水深以及影响水体的土质、周围环境等。在整个动态的养殖过程中应当保持对田间养殖沟中水的调控相对稳定（经常加水，定时增氧，保证温度、溶氧、酸碱度），使田间养殖沟内水色水质稳定健康。

## 2.种

有数量充足、品种齐全、规格合适、体质健壮的优良虾种。以小龙虾种虾（亲虾）为例，应选择规格在30克以上，且螯足、腹肢齐全，无异常斑点、无异常颜色，活跃度高的小龙虾作为种虾。夏、秋季投种，春季补苗；投足投早，种苗水运，养殖效果好。

## 3.饵

饲养小龙虾要求有数量充足和优质的饲料，包括施肥培育稻田养殖沟中的天然饵料。饵料大致分为以下几种。

（1）商品饲料。主要是各饲料厂家针对不同的养殖对象进行专门的饲料配伍生产以更全面的营养和适口性提供给养殖对象。优点：营养全面、投喂方便。缺点：以小龙虾饲料为例，饲料厂家良莠不齐，生产的饲料五花八门，不容易分辨好坏真假，且价格虚高。

（2）农产品等"易获得"饲料。是指以玉米、南瓜、红薯、小麦、豆粕、米糠为主的农产品及动物下脚料、冻鱼、田螺、河蚌等为主的其他饲料。优点：容易获得、成本低廉。缺点：营养单一或不容易被养殖对象吸收利用，容易携带病原体和其他有毒有害物质，污染水体且易造成养殖对象感染病害。

（3）天然饵料。是指通过培养藻类或轮虫、枝角类、桡足类浮游动植物提供给养殖对象摄食以减少饲料投入，以及通过安装诱虫灯吸引其他趋光性小昆虫作为补充饲料。优点：有利于虾苗摄食，是一种极佳的开口料；蛋白质含量高，营养丰富。缺点：不能作为主要饲料，只能作为一种补充饲料使用。

应采取正确的投饵方式，投喂要做到定时、定点、定量、定质投饵，饲料应多样化，提倡配合饲料加农副饲料，以达到科学投喂、吃饱吃好、快速生长的目的。饵料的选择以及根据饲养小龙虾所处生长发育阶段、天气、水温等变化对养殖投饵进行科学管理。

4.密

是指合理的养殖密度及放养规格应基本一致。无论采取何种稻-小龙虾种养模式，田间围沟内放养的密度宜控制在每亩50千克内，苗种越少成活更高。选择虾苗规格为5～10克/尾苗种5 000～8 000尾。

5.混

根据实际情况，确定是否将不同种类、不同年龄与不同规格的鱼类混养。如在亲虾（苗种）人工繁殖中，由于密度较高，为充分利用水体和调节水质，可同时混养鱼种，一般混养鲢鱼、鳙鱼50～60尾/亩。

6.轮

因地制宜选定最恰当的种养模式，不同模式应进行轮换，捕大放小，轮捕轮放，在养殖过程中始终保持稻田小龙虾较合理的密度。

7.防

做好小龙虾病害的防治工作，全程预防，及时对症治疗；种植1～2种沉水水草，漂浮植物要固定；增加隐蔽物；驱赶水鸟；设置防逃墙，堤埂要有足够宽度，起到水下防逃的作用。

8.管

做好规划，实行科学、细致的日常管理工作，坚持巡田，及时解决所发现的问题。

# 四、稻-小龙虾主要模式生产管理技术

根据各地稻-小龙虾生产状况，稻-小龙虾耦合模式中多以稻-虾连作和稻-虾共作为主。结合当今生产实际情况，在注重提质增效、生态低耗、绿色发展的基础上，本部分就稻-小龙虾种养技术中稻-虾连作、稻-虾共作和稻-虾-再生稻共生3种主要模式进行详细介绍。

## （一）稻-小龙虾主要生产模式

稻田养殖小龙虾已成为我国重要的生态种养模式，其养殖模式可分为稻-虾连作、稻-虾共作、稻-虾轮作和稻-虾-再生稻共生模式4种。实际生产中，主要以稻-虾连作和稻-虾共作两种模式为主。稻-虾连作是指在稻田中种植一季稻谷后养一茬小龙虾，如此循环的模式。稻-虾共作属于一种种养结合的养殖模式，即在稻田中养殖小龙虾并种植一季中稻，在水稻种植期间，小龙虾与水稻在稻田共同生长。

1.稻-小龙虾不同生产模式的定义

（1）稻-虾连作。在低洼稻田、湖区稻田利用水草丰沛优势，在适合小龙虾快速生长季节（冬春季）养殖一季小龙虾，在小龙虾越夏季节种植一季高档优质水稻，实行稻-虾连作的生态种养模式。稻-虾连作模式是将稻田单一的农业种植模式提升为立体生态的种养轮换相结合模式，是提高稻田单位面积效益的一种生产方式，可以充分利用稻田的浅水环境和冬闲期。具体来说，稻-虾连作是指在稻田里种植一季水稻后，接着饲养一季小龙虾，即在当年的8～9月（在长江中下游流域）中稻收割前，在稻田里投放小龙虾亲本；或在9～10月中稻收割后投放幼虾（即虾种），翌年4月中旬至5月下旬收获成虾，然后再整理田块、播种水稻。稻-虾连作是一个循环连续的过程。

（2）稻-虾共作。稻-虾共作属于一种种养结合的养殖模式，即在稻田中养殖小龙虾并同时种植一季中稻，在水稻种植期间，小龙虾与水稻在稻田中同生共长。每年的8～9月中稻收割前投放亲虾，或9～10月中稻收割后投放幼虾，翌年4月中旬至5月下旬收获成虾，留足虾种或同时补投幼虾，5月底或6月初整田、插秧，8～9月再收获一季亲虾或商品虾，如此循环轮替。具体来说，水稻收割后进行田间工程建设和准备，在9～10月放养抱卵亲虾，秸秆还田后进行灌水养殖。冬季小龙虾进入洞穴中越冬，翌年3

月水温回升后小龙虾从洞穴出来，4～6月繁殖的虾苗在田中生长，经过2个月左右饲养，一部分小龙虾能够达到商品规格，分批捕捞上市出售，未达到规格的虾继续留在环形沟内养殖。5月下旬至6月上旬播种水稻，7月水稻拔节前，让小龙虾进入稻田觅食，8月之后水稻收割前逐步降低水位直到田面露出，准备收割水稻。水稻收割后，灌水养虾，开始翌年的循环种养程序。

稻-虾共作是利用稻田浅水环境，辅以人为措施，既种稻又养虾，以提高稻田单位面积的经济效益。由于小龙虾对水质和饲养场地的条件要求不高，加之我国许多地区都有稻田养鱼的传统，在种稻效益有限的情况下，推广稻-虾共作，可有效提高稻田单位面积的经济效益。稻-虾共生模式可以选择早、中、晚稻均可，但一年只种一季稻谷，且主要为一季中稻。一般稻-虾共作可稳定水稻产量或使水稻产量略有提升，增产5%～10%。在8～9月放种虾20千克/亩或在3～4月投放3～4厘米的幼虾30千克/亩，在稻谷生长期可增产小龙虾50千克左右/亩，在冬播的情况下连续养虾，可使小龙虾增产虾100千克/亩，一年共增产虾150千克左右/亩。

（3）稻-虾轮作。利用稻田水体种一季稻，待稻谷收割后养殖小龙虾，第二年不种稻，第三年再种一季稻，每三年一个轮回，如此循环。

稻-虾轮作有利于保持稻田养虾的生态环境，使虾有较充足的养料，减少虾携带病原体，同时让小龙虾有较长的生长期，能产生较大规格的优质商品虾，提高商品虾的品质和价位，增加养虾的经济效益。主要方法是：在9月或10月水稻收获完毕后，立即灌水放养小龙虾种虾25千克/亩，第三年6月前将小龙虾收获完毕，然后采取免耕抛秧的方式种一季中稻，每三年一个轮回。养殖期间须常年捕捞，捕大留小，在下一轮插秧前全部收获完毕，这种模式每年可产小龙虾200～250千克/亩。

（4）稻-虾-再生稻共生模式。虾-稻共作是选用再生力强的早稻或中稻品种，在头季水稻成熟收割后，利用稻桩上再生芽萌发生长起来的再生苗，加以培育达到出穗成熟的稻谷，生产两季水稻（再生稻），达到"一种两收"的效果。稻-虾-再生稻共生模式，利用再生稻栽培理论与稻-虾共作技术结合，不仅克服单季稻田土地利用率较低的缺点，还避免了双季稻区因夏收夏种（双抢）给虾的生长造成的影响。而且发展再生稻养虾，可充分利用光、温资源，提高单位面积产量，再生水稻产量可以达到300～400千克/亩；增加了复种指数，提高稻田利用率，节本增效。充分利用头季稻收割后，稻桩萌发出的再生蘖时间，延长稻-虾共作期2个月多，提高了水稻产量，还提升了虾的产量和品质。另外，该种种养模式还具有省工、减少化肥农药等优点。

目前，主要有既种稻又养虾即稻-虾共生和种稻后利用冬闲稻田养殖小龙虾的稻-虾连作两种养殖模式。且主要采用一年双季放养幼虾养殖模式。第一季：每年4月至5月初在围沟和田中沟内每亩放养35千克左右幼虾，每千克130尾左右，商品虾养殖（4～9月），7月底8月初达到40克左右商品虾。第二季：每年7～8月在围沟和田中沟内将亲虾按雌雄比例3：1放养（或者9月将抱卵虾放养在回形沟和田形沟内，让其自行孵化），让其自行繁殖；商品虾养殖（9月至翌年4月或5月）放养的是亲虾，至翌年5月将达到规格的商品虾和产后亲虾到全部捕捞上市。

## 2.稻-小龙虾主要生产模式的特色比较

稻田养虾由低级到高级有4个模式，即稻-虾连作（一稻一虾，年内循环连续）、稻-虾共作（一稻两虾，稻虾一体，强调人为作用）、稻-虾轮作（一稻一虾，三年轮回循环）和稻-虾-再生稻（两稻一虾，强调资源的合理利用）。

小龙虾稻田养殖已成为我国重要的养虾模式，其养殖过程大致可分为上半年和下半年两个阶段，上半年的稻田尚未种稻，此时稻田以养虾为主，若下半年的稻田种植水稻后不再养虾，则全年的养殖与种植过程称为稻-虾连作；若下半年在种植水稻的同时，继续在稻田里养殖小龙虾，则称为稻-虾共作。

（1）稻-虾连作模式的优缺点。

优点：①稻-虾连作利用冬闲或低洼田种植一季稻再养殖一季小龙虾，易管理、风险小，提高稻田利用率，增加种养效益。稻-虾连作模式将稻田单一的农业种植模式提升为立体生态的种养结合模式，是提高稻田单位面积效益的一种生产方式，充分利用了稻田的浅水环境和冬闲期。②保护生态环境。稻-虾连作模式基本实现种养过程中废弃物的循环利用，减少农药和化肥使用量。水稻生长过程中产生的微生物及害虫为小龙虾提供了充足的饵料，小龙虾产生的排泄物又为水稻生长提供了良好的生物肥，形成了一种优势互补的生物链，使生态环境得到改善，实现生态增殖。③养殖稻田环境属于浅水环境，因而水温变化较大，为了保持水温稳定，水中溶解氧充足，须经常保持水流动交换，又由于放养密度低，所以小龙虾疾病相对较少。④保肥增肥。由于稻、虾生长期错开，小龙虾不会损害稻秧；小龙虾养殖期间可以吃掉田中消耗肥料的野杂草和水生生物，节省了除草劳力。同时，小龙虾在稻田里不停行动、觅食，不仅能帮助稻田松土、活水、通气，改善了土壤的不良性状，同时排出大量粪便，起到增肥效果，降低了农业生产成本。⑤提升了品质。在生产中都是使用的无公害农药，使用次数比常规稻田要少，杜绝了高毒农药施用，生产的稻米是一种低残毒生态稻，提高了稻米的品质。同时，小龙虾养殖基本上是仿生态养殖，大大提升了小龙虾的品质。

缺点：受春季持续低温阴雨气候的明显影响，到了排水整田、插秧时节，许多尚在幼苗期的小龙虾不得不便宜卖，这最终导致了养虾和种稻收成取舍的矛盾，经济效益大打折扣。因此，稻-虾连作模式所生产的商品虾规格小、产量低、效益不高，每年每亩只能收获一季虾一季稻。

（2）稻-虾共作模式的优缺点。

优点：①稻-虾共作模式是稻-虾连作的升级版。由于稻-虾连作，稻田往往只能收获一季虾，效益偏低。同时，由于稻、虾生产的主要地区为长江中下游一带，早春至夏初连续的阴雨天阻碍了水草和藻类进行光合作用，生长变得缓慢；阴雨天气压低，导致水里的溶氧量骤降，小龙虾的生存条件受到影响，从虾苗长到商品规格虾需要更长的时间。因此出现了稻-虾共作新模式。稻-虾共作围绕虾、稻矛盾，通过改造稻田方式来延长小龙虾生长期，将稻沟由原先的1米宽、0.8米深小沟，改挖成4米宽、1.5米深大沟，这样，在排水整田、插秧时，4～5月尚未卖出的幼虾就有了宽敞、充足的生长水域。等整田、插秧完成后，再放水，把沟里的幼虾引放到稻田里让其继续生长，至8～9月，这些幼虾便长成了大虾，虾农们则又可收获一季虾了，不仅有效解决了秋季没虾吃的问题，而且虾的价格还较高，经济效益也很好。在稻-虾共作模式下，水中溶氧量较高，动植物饵料丰富，为小龙虾提供了良好的栖息、摄食和生长环境，有利于小龙虾生长。该种养模式能使每亩田增产50千克左右的商品虾，提高稻田综合利用率，增加效益。②稻-虾共作模式，仅在最初集中放养一次种虾，让其在稻田中自然繁殖虾苗，每年适时捕捞符合规格的商品虾，以后可根据具体情况适当增减虾种，具有投资少、效益高的优势。这种模式不仅解决了虾和稻之间的矛盾，而且产量和效益也得到了成倍的提高，除了4～5月收一季虾，到了8～9月还可以收一季虾，实现了一季稻两季虾的高产模式。稻-虾共作模式由"一稻一虾"变为"一稻两虾"，克服了原有稻-虾连作模式商品虾规格小、产量低、效益不高的缺点。③稻-虾共作是稻田综合种养的一种形式，将水稻种植与水产养殖巧妙结合，使有限的稻田资源产生出前所未有的巨大经济价值，有效提高了稻田的综合利用率，较好地解决了"谁来种田"的问题。同时，通过稻田流转创新了农业经营方式，又较好地解决了"如何种好田"的问题。④小龙虾能消灭稻田中的虫卵、幼虫，降低了稻田虫害的发生率，减少了稻田的用药量和施药次数。同时，利用小龙虾大量摄食水稻秸秆，实行稻草还田，避免秸秆焚烧或进入水域污染环境，为秸秆利用找到了一条新途径，有利于保护生态环境。

缺点：稻-虾共作模式生产管理难度大。

（3）稻-虾-再生稻共生模式的优缺点。

优点：①稳定粮食生产，提高稻田生产的附加值（一稻两用，种养结合），显著增加农民收入。②大大减轻劳动强度，栽培技术简便，容易操作（一季栽培两季生产，再生季不需要播种、育秧、翻耕耙田）。③延长小龙虾的生长周期，增加小龙虾的产量。④减少化肥、农药的施用，节约资金，生态环保。⑤提高农产品（粮食、鱼类）的质量，经济效益、生态效益、社会效益明显。

缺点：该模式下第二季水稻产量相对较低。第一季水稻如果采用人工收割，物耗人耗较大，但如果采用机收，会损失部分稻茬，会导致第二季水稻产量偏低。此外，第一季水稻收割后，如果田中养殖沟缺少水草，会导致小龙虾爬上田中平台取食第二季再生稻的幼嫩禾苗，因此在再生稻发苗期间，需要采用围网暂时将围沟中的小龙虾与大田厢体暂时隔离一段时间。

现各地稻-小龙虾生产模式中多以稻-虾连作和稻-虾共作为主。结合生产实际情况，以下就稻-小龙虾种养技术，对稻-虾连作、稻-虾共作和稻-虾-再生稻3种生产技术进行详细介绍。

## （二）稻-虾连作生产技术

对低湖田改造，实行稻-虾连作规模化生态种养，技术简单可行，能达到稻丰虾肥的效果，同时有利于促进农民朋友自愿参与低洼田生态种养殖高产高效创建之中。

稻-虾连作是指在低湖稻田利用水草丰沛优势，在适合小龙虾快速生长季节（冬春季）养殖一季小龙虾，在小龙虾越夏季节种植一季高档优质水稻，实行稻-虾连作的生态种养模式。稻-虾连作模式流程见图20。

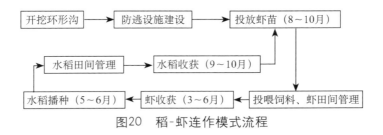

图20 稻-虾连作模式流程

### 1.稻-虾连作生态种养模式的优势

同稻-虾连作模式的优缺点。

### 2.标准池田建设与准备

（1）田块选择。稻田应选择交通方便、生态环境良好、水源充沛、排灌方便、不易被山洪冲毁、不含沙土以及保水性能好的低湖稻田（注：红壤土、黄壤土的山区稻田谨慎投资）。

（2）建设规模。在建设中，要求对低湖田因地制宜作适当改造与建设，将稻-虾连作中的稻田规划为以30～50亩为种养区单元，单元四周开挖围沟，沟深1.5米、宽4～5米，夯实筑高田埂，便于管水与作业。同时，在进排水口设置防逃设施。视田块大小，在田中开挖几条横沟与围沟相通。

（3）虾沟开挖。开挖围沟和"川"字形田间沟应坚持3个基本原则：①围沟面积控制在稻田总面积的100%左右。②田间围沟水位必须保持在0.6～1.0米。稻田外围田埂一般结合冬季农田整修加高加固，要求田埂高50～100厘米，埂面宽2.0米左右。为了防止田埂渗漏，有利于小龙虾的养殖，田埂要夯实。田埂的两侧及埂面可种植一些草或瓜、豆等作物护坡。③田埂（田面与围沟交界处）应高于田面0.3米以上。对田埂加固加高，一般田埂以高0.4米、宽0.5米为宜，并要捶打结实，以防止大雨冲塌或漏水塌方。④面积较大的田块，中间应每隔30米左右开挖条状虾沟，沟宽1米、深50～60厘米（沟的布局以不影响机器耕作和收割为准）。

（4）进排水设施。田间必须安装好排水设施。进水口、排水口分别位于稻田两端，进水口应在稻田一端高水位处（旁边），排水口应建在稻田的另一端围沟的低处，按照高进低出的格局，保证水灌得进，排得出。进水口、排水口要安装铁丝网等过滤设施，严防敌害生物进入。

（5）防逃设施。散户建设置防逃设施常用的有两种，一是安插高0.5米的硬质钙塑板作为防逃板，埋入田埂泥土中0.15～0.2米，每隔1.0～1.5米处用一木桩固定。注意钙塑板的四角应做成弧形，防止小龙虾沿夹角攀爬逃跑。另一种防逃设施是采用网片和硬质塑料薄膜共同防逃，在易涝的低洼稻田主要以这种方式防逃。用高1.2～1.5米的密眼网围在稻田的四周，在网上内侧距顶端0.1米处缝一条宽0.25～0.3米的硬质塑料薄膜即可。稻田进水口、排水口和田埂应设置防逃网，排水口的防逃网应用水泥桩或水泥瓦作材料，防逃网高度应在0.4米即可。进水口、排水口用20目的长型网袋过滤进水，防止敌害动物随流水进入。

（6）消毒与清池。①清养殖沟。标准养殖沟建成进水后，先用每亩25千克生石灰进行消毒，杜绝野生杂鱼进入小龙虾养殖区域。②种植水草。在新挖虾沟内种植水草，如轮叶黑藻、菹草、苦草、空心莲子草等，并在水面上移养漂浮水生植物，如芜萍、紫背浮萍等；调节水质，为了保证小龙虾有充足的活饵。③消毒。在投放虾苗前15天，在田间回形沟内每亩用40千克生石灰，或泼洒茶粕（浸出液），彻底消除野杂鱼，既能直接消除敌害，更能减少饲料争夺，确保小龙虾快速生长。④施足基肥。在放种苗前一周内施有机肥，常用的有腐熟发酵的干鸡粪、猪粪，并及时调节水质，确保水体保持"肥、活、嫩、爽"。

3.小龙虾高产养殖技术

（1）幼虾（或亲虾）放养。

虾苗与种虾投放时间：第一年在3～4月投放虾苗（或8月至10月初投放亲虾），不论是当年种虾苗还是抱卵的亲虾，应力争一个"早"字；不管哪种方式，一般夏秋季放养亲虾，秋季繁殖，这种方式是比较好的。在该模式下，4月下旬至6月上旬收获成虾，5月底6月初播种，6月下旬插秧，10月初收割水稻后立即进水，促进产卵的种虾进稻田觅食生长，在翌年3～4月即可销售成虾并进行虾苗分田（池）扩大生产。

放养密度：8～10月放养时，每亩稻田放养

30～40千克抱卵亲虾，或翌年4～5月放养幼虾，为了提高小龙虾的成活率，最好放养体长为3～3.5厘米的虾苗。每亩稻田按1.2万～1.5万尾投放。注意抱卵亲虾要直接投入外围大沟内饲养越冬，秧苗返青时再引诱虾入稻田生长。

放养要求：①在3月上旬放养幼虾时注意幼苗的质量，同一田块放养的规格应尽量保持一致，放养时要一次性放足，并且先要试水，试水安全后才能投入虾苗。②10月上旬稻谷收割后，亲虾直接放在围沟内里，让其自行繁殖，一般每亩放养规格为40克/只以上的亲虾20千克左右，雌雄比例为7：3。③放养前必须用稻田浇淋小龙虾10分钟，以利适应环境，降低应激反应，然后用20毫克/升的高锰酸钾溶液浸泡消毒5～10分钟，以杀灭虾壳体表的寄生虫，或用3%的食盐水溶液消毒5分钟，以杀灭病菌。

（2）稻田培肥栽植水草。

稻田注水施肥：稻田改造完毕并施肥3天后和水稻收割后1～2天开始注水，前期注水0.1～0.2米，同时于田中施尿素15千克/亩，尿素以利于水草及水稻的再生芽快速生长，后期随着水草的生长逐渐加高水位至0.4～0.6米。种虾投放后，稻田平台水深30厘米左右，冬季为50厘米以上，春季为40厘米左右。

水草栽培：水草种植应在12月至翌年1月底之前完成水草（伊乐藻）的栽培工作。在栽草之前应先在池边搁置1小时，使水草中携带的有害生物脱水死亡。田间围沟和田面移栽的水草以3～5株为一簇，每簇水草间距为1.5～3.0米，有利于田间水流畅通，也利于小龙虾活动自如。水草生长面积应控制在田中平台总面积的60%～70%。推荐栽植的水草主要为伊乐藻和轮叶黑藻，这两种水草都是水性水生植物，再生力很强，无需带根插栽，在生长过程中被小龙虾夹断后，藻枝漂浮在水面上也能存活。5月至6月中旬随着水温的不断上升，在水沟中可适当移植凤眼蓝，以降低水温和吸收一些水体中的有害物质。水草培植的好坏程度直接影响小龙虾的产量。

投放有益生物：小龙虾种苗投放后沟内再投放一些有益生物，如水蚯蚓、田螺、河蚌等，既可辅助净化水质，又能为小龙虾提供丰富的天然饲料。

（3）投饲管理。小龙虾具有明显的杂食性和强食性，必须保证有充足的饲料和天然饵料。投放的幼虾、亲虾除自行摄食稻田中的有机碎屑、浮游动物、水生昆虫及水草等天然饵料外，宜少量投喂动物性饲料，每日投喂为稻田存虾总重量的1%。12月前每月宜投喂一次水草，水草用量为每亩100～150千克。按"四定原则"，即定点、定时、定质、定量，每周宜在田埂边的平台浅水处投喂一次动物性饲料，投喂量一般稻田存虾总重量的2%～3%为宜，具体投喂应根据气候和虾的摄食情况调整。

当水温低于12℃时，不投喂。翌年3月，当水温上升到16℃以上，每个月投两次水草，水草用量为每亩100～150千克，每周投喂一次动物性饲料，用量为每亩0.5～1.0千克。投喂量为稻田存虾总重量的

2%～4%，可用的饲料有黄豆、饼粕、米糠、豆渣或鱼（虾）用颗粒饵料等。随着气温增高，增加投喂量，每天分两次投喂，以傍晚投喂为主。

（4）巡查与调控水深。11～12月保持田面水深0.3～0.5米，随着气温的下降，逐渐加深水位至0.4～0.6米。翌年3月水温回升时用调节水深的办法控制水温，适宜的水温更适合小龙虾的生长。调控的方法是：晴天有太阳时，水可浅些，让太阳晒水以便水温尽快回升，促进小龙虾生长；阴雨天或寒冷天气，水可深些，以免水温下降。坚持定期换水，使虾沟内的水质保持清新，特别是夏秋高温季节更要勤换水，要求10～15天换水或冲水一次，每次加水前先放掉20厘米深的水，再灌新水至原先位置。保持虾沟内水位相对稳定，即使在晒田时也是如此。

（5）防病除害。①坚持巡田。及时捕捉老鼠、水蛇等，禁止鸭进入稻田。②虾病的防治。严把虾苗质量关，选购体质强健、无感染的虾苗；做好水质管理工作，定期使用生石灰调节水体酸碱度，改良水质；选用优质饵料。病害防治坚持"以防为主，防治结合"的方针，在稻田里养殖的小龙虾病害有多种应通过以药物预防与治疗的措施加以控制。一般每隔20天，用10～15千克/亩生石灰加水溶解后全田泼洒一次，既起到消毒防病的作用，有能补充小龙虾生长所需的钙质。定期在饲料中添加光合细菌、免疫多糖等药物，制成药饵投喂，以增强小龙虾体质，减少病害的发生。小龙虾病害主要有黑鳃病、烂鳃病（瘟疫病）、白斑综合症、甲壳溃烂、纤毛虫病等，具体防治方法见"小龙虾田间生产管理技术"部分。

**4.水稻高产栽培技术**

（1）选择优质高产品种。主要选择中稻品种种一季稻谷。因中稻插秧季节比早稻晚，有利于下年稻田插秧前收获更大更多的小龙虾；晚稻收割季节迟，不利于稻谷收割后投放种虾（此时的种虾已过最佳繁殖期）。适合于稻-虾连作高产栽培的水稻品种，以选择优质、高产抗病的为主。例如，湖南地区有湘晚籼13、华润2号、黄华占、湘晚籼17等，以播种时间为选择标准，能在6月20日前播种的可选黄华占和湘晚籼13等迟熟品种，能在6月25日前播种的可选择华润2号、湘晚籼17、农香29、农香32和汉晚香3号等中熟品种，在7月初才能直播的可选择桃优香占、盛泰优018、泰优390、岳优9113和湘早籼45等中熟偏早品种。不同地方应根据本地实际情况和需求，及时选择或更新高产良种。

还必须根据季节与地方确定好适宜的播种量，也是水稻高产的关键。一般播种量为常规稻3～4千克、杂交稻1.5～2千克。肥力高的稻田早播的可适当减少播种量，肥力低的稻田迟播的可适当增加播种量，直播机插宜适当增加播种量，直播可适当减少播种量，灵活掌握播种量。

（2）选择适宜的栽培方式。适合于稻-虾连作的栽培方式有软盘抛秧、机械化插秧和直播3种。一般规模大、企业运作的因劳动力紧张，可选择机械化插秧和直播栽培；一般单户种植规模在50亩以内的，可选择软盘抛秧和机械化插秧，可延长小龙虾在池时间，提高其产量。在池田耕作上视田面平整程度，可选择旋耕等翻耕栽培，也可选择免耕栽培。

（3）精整稻田。对新作稻-虾连作的稻田，在施足基肥的基础上必须多犁多耙精耕细作，最后必须用平田器平田后播种或抛插秧。对采用直播方式的稻田，必须要开好厢沟、腰沟，沥净田间渍水，防止高温"煮芽"，提高成秧率。对于采用免耕栽培的稻田，也要开好厢沟、腰沟等，确保播种后遇雨无明显积水。

（4）适时壮芽播种。可根据小龙虾生长量、市场行情和需留种情况来具体确定播种时间，播种越早，水稻在大田生长期越长，产量也就越高，根据本地的实际情况可灵活掌握。例如，在湖南洞庭湖地区，稻-虾连作的水稻播种期可在6月初至7月初进行；稻-虾连作的早稻可在4月初直播，晚稻可在6月下旬软盘秧播种或7月初直插。

坚持精选种子、严格消毒、浸种催芽、壮芽播种，减少因大田稻病用药。播种时要定盘分厢过秤，确保播种均匀。播种时还必须坚持"穿衣戴帽"下田，用对小龙虾生长无害的拌种剂拌种后播种，减少苗期病虫害。

（5）插足基本苗。对于稻-虾连作稻田，因要保持虾沟内水质清爽，不宜多施肥，因此必须适当增加基本苗，增加有效穗，达到既提高单产又提早成熟的目的，为稻后虾生长腾出时间与空间。一般肥力的稻田抛秧量为每亩抛足2.5万蔸，机械化插秧的在1.8万蔸以上。抛插秧时必须抛稳插正，减少浮蔸散蔸。在抓好病虫综合防治的基础上，其他栽培技术与一般水稻高产栽培技术相同。

### 5.稻-虾连作共生期高产管理技术

在稻田中饲养小龙虾，除要施足底肥外，一般前期不要求投喂人工饲料，可在田间围沟内投放一些水草。在小龙虾的生长旺季可适当投喂一些动物性饲料，如锤碎的田螺、蚌及屠宰厂的下脚料等。每天早、晚坚持巡田，观察沟内水色变化和虾的活动、吃食、生长情况。日常管理的工作主要集中在田间保水、水稻生长、晒田控苗、施肥、用药及小龙虾的防逃、防害等工作。

（1）稻田施肥。稻田基肥要施足，应以施腐熟的有机肥为主，在插秧或播种前一次深施匀施，达到肥力持久的目的，每亩施农家肥2～3吨或复合肥20～25千克。移栽水稻的追肥必须在移栽后5～7天进行，每亩用复合肥10～15千克，或用人畜粪堆制的有机肥，对小龙虾无不良影响。直播稻田必须在晒田复水后追施促花肥，每亩用复合肥10～12.5千克。禁止使用对小龙虾有害的化肥如碳酸氢铵。施肥前先排水，使水位降低，让虾集中到围沟、田间回形沟内，施肥后使化肥迅速沉积在底层田泥中，并被田泥和水稻吸收，随即加深池水至正常深度。

（2）灵活晒田。当水稻达到预定有效穗数的80%时，必须适当排水晒田控苗。晒田宜轻晒，不能完全将稻田里的水排干，水位降低到田面露出即可，而且时间要短，发现小龙虾有异常反应时，则要立即注水。

（3）水稻病虫害防治。

一是采取绿色植保技术，以生物防治为主。即使用除化学农药以外的方法措施，预防和控制农作物病虫害的技术，包括农业防治、物理防治、生物防治、生态防治和生物农药等防治方法。①早春深耕灌水灭蛹技术。在二化螟越冬代化蛹高峰期，及时灌水翻耕冬闲田和绿肥田，淹灭二化螟蛹，降低发生基数。②推广浸种消毒技术。播种前用咪鲜胺等药剂浸种消毒，预防稻瘟病、恶苗病等病害；晚稻种子药剂浸种后用噻虫嗪等药剂拌种，防治秧田稻飞虱、稻蓟马，预防水稻黑条矮缩病。③推广水田施用生石灰中和土壤酸碱度技术。④物理防控技术。利用频振式杀虫灯诱杀水稻螟虫、稻纵卷叶螟、稻飞虱等。⑤生物调控技术。一是用昆虫性激素诱杀二化螟、稻纵卷叶螟。二是推广田垄种豆、种芝麻，保护利用天敌。⑥生物农药防治病虫技术。利用井冈·蜡芽菌防治水稻纹枯病，利用阿维菌素、甲氨基阿维菌素苯甲酸盐防治二化螟、稻纵卷叶螟。

二是化学农药科学使用技术。即选择高效、高活性、高含量、低毒、低残留、低污染的"三高三低"农药及其减量使用技术。稻田养虾后，在病虫害发生的高峰期，应选用适宜的、高效、低毒、低残留的农药进行防治，禁止使用对鱼类高毒的农药品种，应选用水剂或油剂，少用或不用粉剂农药。农药使用应符合《农药合理使用准则（九）》（GB/T 8321.9—2009）的规定和《无公害食品 渔用药物使用准则》（NY 5071—2002）中有关禁止使用渔药（农药）的规定，使用无公害水稻生产中的常用农药品种及常用剂型。根据水稻病虫害发生情况，适时使用化学农药时，同时注意用量、次数、安全间隔期等，施药方法要得当。稻田养虾期间不施用任何除草剂。在防治稻田病虫时一定要确保对小龙虾的绝对安全。化学药剂建议使用以下药剂：①防治秧田蓟马、飞虱：选用拌种剂，有效成分为噻虫嗪的高含量种衣悬浮剂。②防治二化螟、稻纵卷叶螟：氯虫苯甲酰胺，轻发区域可用苏云金杆菌（只适用于稻-虾养殖区）。③防治稻飞虱、稻秆蝇、稻蓟马：可用噻虫嗪、吡蚜酮、烯啶虫胺和吡虫啉。④防治稻曲病、纹枯病：可用苯甲·丙环唑、嘧菌酯、氟环唑，以及井冈霉素、春雷霉素、枯草芽孢杆菌。⑤防治稻瘟病：可用三环唑、嘧菌酯。⑥除草剂选用：可用草甘膦、草胺膦（遇土就失效）、二氯喹啉酸，除草剂可选用的范围更小，基本没有好的封闭剂、茎叶处理剂，稻田养鱼除草剂必须在放养前10天使用。

（4）种植水草。在围沟、田间回形沟移栽水草，如轮叶黑藻、金鱼藻、鸭舌草、凤眼蓝等。稻田小龙虾饲养沟中，水草覆盖面以20%～25%为宜，且以零星分布为宜。

（5）防逃、防病害。每天巡田时检查进出水口筛网是否牢固，防逃设施是否损坏，汛期防止漫田发生逃虾的事故。

（6）控防天敌。稻田饲养小龙虾，其敌害较多，如蛙、水蛇、泥鳅、黄鳝、水鼠等，除放养前彻底用药物清除外，进水口时要用20～40目纱网过滤。同时，平时要注意清除田敌害生物。

### 6.捕捞

稻田饲养小龙虾，只要一次放足虾种，经过2个月的饲养，就有部分小龙虾能够达到商品规格，分期分批捕捞，捕大留小，可提高小龙虾的商品率，也是降低成本、增加产量的一项重要措施。将达到商品规格的小龙虾捕捞上市出售，未达到规格的继续留在稻田内养殖催肥。适当降低稻田中小龙虾的密度，促进小规格的小龙虾快速生生长。

在稻田中捕捞小龙虾的方法很多，可采用虾笼、地笼及抄网等工具进行捕捞，最后可采用干田捕捞的方法。在5月中旬至7月中旬采用虾笼、地笼起捕，效果较好。傍晚将虾笼网和地笼网置于稻田周围的沟内，每天清晨起笼收小龙虾，或者人工用一定密度网眼的抄网在田中来回捞捕，规格较小的小龙虾从网眼逃逸，符合规格的小龙虾被捕捉，效果很好，最后在水稻收割前排干田水，将小龙虾全部捕获。在10月前后，当最低气温降到18℃时应及时捕捞成虾。如果水稻还没有成熟，可以放水、冲水捕捞小龙虾，一般选择白天上午放水，张好网具，绝大部分小龙虾随水进入网中，水放干后再用水冲几次，可将小龙虾全部捕出。

7.可借鉴的3种养殖模式

（1）双季虾共生模式。①幼虾-种虾双季虾连作连养。每年4月至5月初在围沟和"田"字形沟内每亩放养35千克左右幼虾，每千克130尾左右。7月底8月初达到40克左右的商品虾，全部捕捞留种与上市，除留种亲虾外，每亩产量可达150千克。然后，每亩再放养20千克左右优质留种亲虾，雌雄比例3：1，让其自行繁殖与孵化，翌年5月将达到规格的商品虾和产后亲虾全部捕捞上市，每亩产量可达到150千克。清沟消毒后，将捕捞的小的小龙虾留种使其继续生长，8月初达到40克左右，全部捕捞，分别留种与上市，如此往复循环。②种虾自繁，双季虾连作连养。每年7～8月在围沟与田形沟内每亩放养40克以上的小龙虾20千克，按雌雄比例3：1放养在围沟和田形沟内，让其自行繁殖。或者9月每亩放养抱卵虾15千克在围沟和田形沟内，让其自行孵化。至翌年5月将达到规格的商品虾和产后亲虾全部捕捞上市，每亩产量可达到150千克。清沟消毒后，将捕捞的小的小龙虾留种使其继续生长，8月初达到40克左右，全部捕捞，分别留种与上市，除留种亲虾之外，每亩产量可达150千克。如此往复循环。

（2）单季虾共生模式。①清沟消毒。放虾前10～15天，每亩稻田的养田间沟用生石灰50千克，或选用其他药物，对饲养沟进行彻底清沟消毒，杀灭野杂鱼类、敌害生物和致病菌。②培肥饵料。一般每亩施有机农家肥500～800千克，农家肥肥效慢、肥效长，施用后对小龙虾的生长无影响，还可以减少之后施用化肥的次数和数量施用农家肥时，应一次施足。

（3）冬闲稻田养殖小龙虾。不论是一季中稻，还是二季稻，不论是低湖田、冷浸田，还是一般稻田，中、晚稻收割后，空闲稻田要到翌年的4～6月才开始耕作种植，利用冬闲的这段时间来养殖小龙虾，每亩可收获50～150千克，经济效益可达1 000～3 000元。

稻田选择与准备：选择保水性能好的稻田，面积可因地制宜，一般几十亩至上百亩，要求田埂较高且严实，保持0.4～0.6米的水深。田埂内沿四周开挖宽1.0～1.5米、深0.8米的沟，面积较大的田，中间还要开挖"十"字形或"井"字形沟，沟宽0.5～1.0米。其他准备与常规稻田养虾相同。

小龙虾的放养：中稻和小龙虾连作，在小龙虾的放养上有3种模式：①放种虾模式。每年的7～9月，在中稻收割之前1～2个月，往稻田的水沟中投放经挑选的小龙虾，每亩投放40克左右的亲虾15～20千克，雌雄比例3∶1。亲虾投放后不必投喂，亲虾可自行摄食稻田中的有机碎屑、浮游动物、水生昆虫、周丛生物及水草，稻田的排水、晒田、收割正常进行。收割水稻后随即灌水，施放腐熟的有机草粪肥，培肥水质，待发现有幼虾活动时，可用地笼捕捞大虾。②投放抱卵虾模式。每年的8～10月当中稻收割前后，往稻田中投放抱卵虾，每亩投放12～15千克。抱卵虾投放后不必投喂人工饲料，但要适量投放一些牛粪、猪粪、鸡粪等腐熟的农家肥，培肥水质，抱卵虾可自行摄食稻田中的有机碎屑、浮游动物、水生昆虫、周丛生物、水草及猪、牛粪。待发现有幼虾活动时，可用地笼捕捞大虾。③投放幼虾模式。每年的9月当中稻收割后，用木桩在稻田中营造若干个深20厘米左右的人工洞穴并立即灌水。稻谷收割后立即培肥水质，然后在稻田中投放刚离开母体的幼虾2万～3万尾/亩，在天然饵料生物不丰富时，可适当投喂一些鱼肉糜或动物屠宰场和食品加工厂的下脚料等，也可人工捞取枝角类投喂。

对于上述3种模式，在整个秋冬季应注重投肥、投草、培肥水质。一般每半个月投一次水草，施一次腐熟的农家草粪肥。天然饵料丰富的可不投饲料，天然饵料不足时可适当投喂一些鱼肉糜、螺蚌肉等人工饲料，也可人工捞取枝角类投喂。当水温低于15℃，可不投喂。冬季小龙虾进入洞穴中越冬。翌年2月水温回升后从洞穴出来，此时用调节水深的办法来控制水温，促使水温更适合小龙虾生长，并加强投草、投肥、培养丰富的饵料生物。一般每亩每半个月投一次水草，投喂量为50～100千克。有条件的每日还可适当投喂人工饲料，如饼粕、谷粉、轧碎的螺蛳、河蚌及动物屠宰场的下脚料等，投喂量以稻田存虾总重量的2%左右，在傍晚投喂。人工饲料如饼粕、谷粉等在养殖前期每亩投量在500克左右，养殖中后期每亩可投1 000 ～ 1 500克，螺蚌肉可适当多投，3月底开始用地笼捕虾，捕大留小，一直到6月初，在中稻田整田前将田中的小龙虾全部捕起。

但应注意的是，无论采用哪种模式，在连续种养4年后，在田中自繁或留种的亲虾由于近亲繁殖会逐渐退化，抗病性和繁殖率均降低，因此注意更新虾种，投放的种虾要通过在不同地方购买或重新从野外捕捉，防止近亲繁殖导致种质退化。

## （三）稻-虾共作生产技术

稻-虾共作，简单来说就是在水稻田挖围沟，在围沟内养小龙虾，在田间种植水稻，做到一田两用、一水两用，不与粮争地，不与人争水，是种养有机结合的一种新型模式。稻-虾共作模式经济效益高，实现了农业产业绿色化、复合化、高效化、规模化。在该模式下通常每年的8 ～ 9月中稻收割前投放亲虾，或9 ～ 10月中稻收割后投放幼虾，翌年4月中旬至5月下旬收获成虾，同时补投幼虾，6月上旬整田插秧，8 ～ 9月收获亲虾或商品虾，如此循环轮替，具体见图21。稻-虾共作种养结合技术要点具体操作如下。

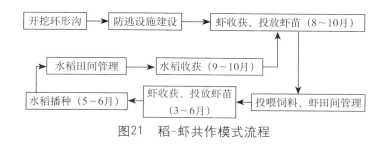

图21　稻-虾共作模式流程

## 1.苗种放养前的准备

（1）稻田的选择、改造和放养前的准备。具体方法同"稻田小龙虾放养前的准备"。

（2）养殖围沟设置增氧设备。大面积稻-虾共作的田块，最好在养殖围沟边设置增氧设备，以降低养殖风险。微孔增氧设备由增养机、主管道、砂头管和砂头组成。在稻田四周设置直径为4厘米的大管道，在田间沟设置直径为1厘米的小管道，并与罗茨鼓风机连接好，功率配置为0.1 ～ 0.2千瓦。增氧机固定在铁架上，远离稻田放置，开机时以不影响小龙虾活动为宜。在生产季节，增氧机一般阴雨天24小时开机，夏季晴天下半夜开机6小时（0:00—6:00），投料时停开，具体开机时间和长短还要根据小龙虾的存田量、健康情况和水质等因素综合考虑。适时开启增氧设施，在高温季节每2小时开一次，每次20分钟；其他时间每4小时开启一次，每次20分钟。采用微孔增氧设施，能有效调节水体溶氧情况，该增氧技术将传统的一点增氧改为全沟增氧，将传统的表面增氧改为底层增氧，在增加水体溶氧量的同时，提升了小龙虾的产量、规格及品质，具有极好的功效。微孔增氧适宜在水产养殖中大力推广应用。

（3）环形沟消毒。稻田改造完成后，第一年环形沟内要进行消毒，用生石灰100～150千克/亩溶于水后泼洒环形沟进行消毒，杀灭敌害生物和病菌；第二年后由于环形沟内留有亲虾，应选用二氧化氯或过氧化物消毒剂进行消毒。

### 2.苗种投放

3月至4月中旬，待水草扎根发芽后，投放虾苗到大田沟中（越早越好），同时适当投喂浸泡过的大豆、玉米等植物性蛋白质饵料。

（1）投放亲虾养殖模式。对于初次养殖的稻田，在8月底至9月往稻田的环形沟和田间沟中投放亲虾，每亩投放20～30千克，对于已养虾的稻田每亩投放5～10千克。亲虾投放前，环形沟和田间沟应移植占水体总面积40%～60%的浮游植物。亲虾应从养殖场或天然水域挑选体质健壮、无病无伤、色泽好的小龙虾，挑选好的亲虾用不同颜色的塑料虾筐按雌雄分装，每筐上面放一层水草，保持潮湿，避免太阳直晒，运输时间应不超过3小时，运输时间越短越好。亲虾按雌雄比例（2～3）：1投放。

（2）投放幼虾模式。主要是在4～5月投放人工培育的幼虾，待水草扎根发芽后，每亩投放体长为3～4厘米的幼虾1万尾左右，或投放量5 000～7 000尾/亩，规格为140～400尾/千克。

亲虾和幼虾投放时须试水，注意将虾筐反复浸入田水中2～3次，每次1～2分钟，使小龙虾适应田中水温，然后分散投放在环形沟和田间沟中。

3.饲养管理

（1）施肥。亲虾或虾苗投放前施足底肥，一次性投施腐熟农家肥（猪、牛、鸡粪)100～200千克/亩。追施使用腐熟农家肥，用量为50～100千克/亩。在稻田养殖小龙虾过程中亦可全程使用酵素菌虾蟹专用肥。施用前，用水浸泡30分钟以上，每次用量3千克/亩，每月施用3次，保持水质透明度35厘米。

（2）投喂。小龙虾仅吃浮游生物是远远不够的，必须辅以人工投喂，其投放的料饵及其标准也是相当重要的。刚投入田沟的亲虾或幼虾，应同时适当投喂浸泡过的大豆、玉米等植物性蛋白质料饵。放苗后3天内，投喂绞碎的小鱼和碎肉，之后的一个月内投放小杂鱼、碎肉或配合饲料，待虾苗长至6～7厘米时，可全部投喂轧碎的螺蛳、河蚌及适量的植物性饲料（如麦子、麸皮、玉米、饼粕）及配合饲料。日投喂量以吃饱、吃完、不留残饵为准，具体可根据虾的吃食情况进行调整。一般每天喂两次，早晨和傍晚各一次，晚上投喂量占日投喂量的70%～80%，饵料应投在小龙虾集中的地方适当多投些，以利其摄食。注意酌情喂料，建议投喂量为稻田存虾总重量的3%，平时要注重内服药物，选用保肝促长灵（柴黄益肝散）、活性蒜宝（天然食用大蒜粉）、离子对钙（高效离子对钙）；如放养的虾苗很小，投放早期的一段时间很容易蜕壳，所以每隔7天用纳米氧（主要成分为聚合氧、表面活性剂、稳定剂）＋特立钙（高能活性钙片）泼洒虾沟，促进虾苗快速蜕壳并硬壳。此外，根据虾苗的长势、气候和夹草情况合理的加减投喂量。

例如，8月底投放的亲虾除自行摄食稻田中的有机碎屑、浮游动物、水生昆虫、周丛生物及水草等天然饵料外，宜少量投喂动物性饲料，每日投喂量为亲虾总重量的1%。10月初收割水稻，收获前一周断水，水稻收获后，提高水位至40～50厘米，让小龙虾进入大田中活动；大田适当追肥，促进留桩返青，稻茬抽出的稻芽可作为虾的天然饵料。12月前养殖沟中每月宜投一次水草，水草用量为150千克/亩。每周宜在田埂边的平台浅水处投喂一次动物性饲料，投喂量一般以存虾总重量的2%～5%为宜，具体投喂量应根据气候和虾的摄食情况调整。当水温低于12℃时，可不投喂。待到翌年3月时（气温15℃以上）进行大田排水，使水深保持在0～5厘米（或保持一定湿度），此时趁稻田湿润，先将稻田沟渠水体消毒一次，随后用酵素直接抛撒在田中（可以按照不同阶段用不同量，一般建议每亩5千克左右）发酵稻蔸，从抛撒酵素后第二天开始可以每天逐步加水5厘米左右，连续3～4天后淹没稻蔸，等稻蔸充分发酵（一般7～10天）完成后，水体中自然会有轮虫、浮游生物，以提供此阶段新放的虾苗营养。3月，当水温上升到16℃以上，每个月投两次水草，水草用量为100 ～ 150千克/亩，每周投喂一次动物性饲料，用量为0.5 ～ 1.0千克/亩。每日傍晚还应投喂一次人工饲料，投喂量为稻田存虾总重量的1% ～ 4%。可用的饲料有饼粕、麸皮、米糠、豆渣等，具体投喂管理参见"小龙虾田间生产管理技术"部分。

### 4.栖息环境的模拟

为避免小龙虾掘穴造成泥土堆积堵塞水沟，应在养殖沟固定水位下（即水位稳定期的水位线，一般沟坡距底部30厘米处），每隔50厘米用直径为15厘米的木棍戳成与田面成一定的角度、深30 ～ 50厘米的人工洞穴，供小龙虾栖息隐蔽，沟两侧的洞穴交错分布。

### 5.日常管理

主要是巡查防逃防天敌、调控水深及虾病的防治工作。

（1）防逃防天敌。每天坚持多次巡田，检查防逃设施，发现破损时及时修补，并及时查出原因和采取措施。饲喂过程中勤观察，及时清理吃剩的饲料、清洁食场、清除敌害，调控浮游植物数量，防止有害污水进入虾沟。发现有病虾时要立即隔离、准确诊断和治疗。

（2）调控水深。4月下旬至5月，注意水质调控、水草养护、病害预防治疗等工作。11 ～ 12月保持田面水深30 ～ 50厘米，随着气温的下降，逐渐加深水位至40 ～ 60厘米。翌年3月水温回升时用调节水深的办法来控制水温，促使水温更适合小龙虾的生长。调控的方法是：晴天有太阳时，水可浅些，让太阳晒水以便水温尽快回升；阴雨天或寒冷天气，水应深些，以免水温下降。

（3）虾病防治。坚持"预防为主，防重于治"的方针，进行综合防疫。一是完善设施、清除淤泥、搞好消毒、植好水草、培养浮游生物、调节水质，优化环境。二是做好虾病预防。定期用石灰水泼洒虾田。应用大蒜素预防虾肠炎病，用硫酸铜、硫酸亚铁合剂预防鳃隐鞭虫病、斜管虫病、车轮虫病、口丝虫病等寄生性虾病。三是及时治疗虾病。常见虾病有白斑病、黑鳃病、螯虾瘟疫病、烂鳃病、甲壳溃烂病、甲壳溃疡病、纤毛虫病等。如白斑病等在病害易发期间，用0.2%维生素C+1%大蒜（鲜大蒜捣碎样）+2%强力病毒康（银翘板蓝根散），对水溶解后用喷雾器喷在饲料上进行投喂；发病后及时将病虾隔离，控制病害进一步扩散。

6.水稻栽培

（1）水稻品种选择。养虾稻田一般只种一季中稻，水稻品种要选择叶片开张角度小、抗病虫害、抗倒伏且耐肥性强的品种。同时，应选生长期较长的品种，生育期时间为140天左右。

（2）稻田整地。大田中水草翻耕后作为绿肥。稻田整理时，田间如存有大量小龙虾，为保证小龙虾不受影响，建议采用稻田免耕抛秧技术和围埂方法。

（3）施肥。施足底肥，每亩施用生物有机肥50千克或发酵腐熟有机粪肥400～500千克，严禁使用对小龙虾有害的化肥，如氨水和碳酸氢铵等。小龙虾养殖稻田原则上应重施有机肥、少施化肥，严格控制农药用量。在插秧前施足基肥的前提下，应尽可能减少追肥次数，特别是化肥。若必须追肥，可追施尿素和过磷酸钙，追肥次数不应超过3次。

（4）播种前准备。播种前做好晒种、选种、浸种等工作，选用籽粒饱满、无病虫害的种子，用菌虫清浸种24～36小时，日浸夜露（即白天浸种，夜晚捞出摊开）；或用吡虫啉浸种或拌种，预防秧田稻飞虱和稻蓟马。种子破胸露白后，即可晾干播种，以利抗病害、出全苗。

（5）秧苗移植。秧苗一般在6月中旬开始移植，采取浅水栽插、条栽与边行密植相结合的方法，养虾稻田宜推迟10天左右。无论是采用抛秧法还是常规插秧，都要充分发挥宽行稀植和边坡优势技术，移植密度以30厘米×15厘米为宜，以确保小龙虾生活环境通风透气性好。

（6）水分管理。

水质管理：由于小龙虾最适宜的水体pH为8左右，所以要定期用生石灰调节，一般每亩用生石灰5～7.5千克，每月定期泼洒。生石灰有三大功能：消毒杀菌、调节pH、补充钙元素。①水质培养。6

月下旬至8月中旬施有机肥，每半个月施发酵腐熟的有机粪肥50～60千克/亩，水色以呈豆绿色或茶褐色为好，透明度以30～40厘米为宜。②水质调控。按"春秋宜浅、高温季节要满"的原则加水调节水质；每隔15～20天，用生石灰10～15千克/亩对水成石灰乳后泼洒；使用光合细菌等微生物制剂调节水质，在养殖过程中以此法调节水质为主。此外，还应注意观察养殖沟水质变化，一般每星期加注新水一次；盛夏季节，每2～3天加注一次新水，每次更换10～20厘米的水层，以保持水质清新。

水位管理：稻-虾共作期间，留田小龙虾数量较少，水位控制以适合水稻生长为主，采取浅灌即排，诱导小龙虾集中到环形沟中，环形沟中水位控制在0.8～1.0米。同时，兼顾小龙虾的生长管理。小龙虾生长季节，坚持每天早晚巡田，根据小龙虾摄食和活动等状况调节水位高低，使水温始终适合小龙虾的生长。水位变化幅度为0.3～0.6米。一般大田水位控制在0.3～0.5米，环形沟水位控制在0.8～1.2米；水稻插秧前，大田水位控制在0.4～0.6米，环形沟水位控制在1.2～1.5米。稻-虾共作期间，采取浅灌即排，诱导小龙虾集中到环形沟中，环形沟中水位控制在0.8～1.0米。

移栽后做到浅水勤灌。待秧苗返青后，将虾沟漫水。水稻生长期间做好大田水位管理，7～9月，除晒田外，稻田水位应控制在20厘米左右。水稻收割后，稻田平台上水要慢慢增加，避免稻草和施入的有机肥因一次性的淹没而使水质快速恶化。保持田中厢面水深10 ～ 20厘米，培养二茬稻秧，使再生秧长到10 ～ 15厘米，扩大小龙虾活动空间和寻食机会，促使小龙虾快速生长。至11 ～ 12月保持田面水深20 ～ 30厘米水位，12月至翌年2月保持30 ～ 50厘米深水位（类似于养虾池塘），3 ～ 4月保持10 ～ 20厘米的浅水位。3月水温回升时用调节水深的办法来控制水温，促使水温更适合小龙虾的生长，具体调控的方法是：晴天有太阳时，水可浅些，让太阳晒水以便水温尽快回升；阴雨天或寒冷天气，水应深些，以免水温下降。4 ～ 5月底保持30 ～ 50厘米的深水位，6 ～ 9月按水稻栽培要求进行水位管理。

稻田水位控制基本原则是：平时水沿堤，晒田水位低，虾沟为保障，确保不伤虾。3月水位控制在30厘米左右；4月中旬以后水位逐渐提高至50 ～ 60厘米；越冬期前的10 ～ 11月水位控制在30厘米左右；越冬期间适当提高水位进行保温，水位控制在40 ～ 50厘米。

（7）科学晒田。水稻移栽25天后分次轻晒田2 ～ 3次。晒田总体要求是轻晒或短期晒，即晒田时使虾沟内的水位保持在低于大田厢面15厘米即可，使田块中间不陷脚，田边表土不裂缝和发白，以水稻浮根泛白为宜。田晒好后，应及时恢复原水位，尽可能不要晒得太久，以免导致环形沟小龙虾密度因长时间过高而产生不利影响。

（8）水稻的病虫防治。主要采用农业防治、物理防治和生物防治相结合，以实现种养的无害化生产。如利用太阳能灭虫灯，每盏灯可以控制周边15～20亩稻田虫害，夏天虫害高峰期时，灭虫灯每天能诱杀害虫1万只以上。化学防治应选用高效、低毒、低残留、广谱性的农药。7月初至8月中旬，做好水稻前期病虫害生物农药防治工作，主要在水稻破口前7天、破口期用生物农药综合防治病虫害。此外，推广使用生物农药防治水稻病虫害，如用寡雄腐霉防治立枯病、恶苗病，用井冈霉素或井冈霉素和蜡质芽孢杆菌的复配剂防治纹枯病、稻曲病，用枯草芽孢杆菌、乙蒜素或春雷霉素防治稻瘟病，用农用链霉素防治细菌性条斑病，用苏云金杆菌、短稳杆菌、防治螟虫、稻纵卷叶螟等，用球孢白僵菌防治稻飞虱等。注意事项：生物农药要比化学农药提前2～3天使用，避免高温干旱时使用，谨慎与杀菌剂混用。其他具体防治措施见"稻-虾连作共生期高产管理技术"。

### 7.成虾捕捞及亲虾留存

（1）成虾捕捞。①捕捞时间。第一季捕捞时间从4月中旬开始，5月中下旬结束。第二季捕捞时间从8月上旬开始，9月底结束。②捕捞工具。捕捞工具主要是地笼，地笼网眼规格应为2.5～3.0厘米，保证成虾被捕捞，幼虾能通过网眼留下。成虾规格宜控制在30克/尾以上。③捕捞方法。稻-虾共作模式中，成虾捕捞时间至为关键，为延长小龙虾生长时间，提高小龙虾规格，提升小龙虾产品质量，一般要求小龙虾达到最佳规格后开始起捕。

采用网眼规格为2.5～3.0厘米的大网口地笼进行捕捞。开始捕捞时，不需排水，直接将地笼布放于稻田及虾沟之内，隔几天转换一个地方，当捕获量渐少时，可将稻田中水排出，使小龙虾落入虾沟中，再集中于虾沟中放笼，直至捕不到达到商品规格的小龙虾为止。在收地笼时，应对捕获到的小龙虾进行挑选，将达到商品的小龙虾挑出，将幼虾立即放入稻田，并避免幼虾挤压而弄伤虾体。

（2）幼虾补放。第一茬捕捞完后，根据稻田存留幼虾情况，每亩补放体长3～4厘米幼虾1 000～3 000尾。幼虾可从周边稻-虾连作稻田或湖泊、沟渠中采集，也可以购买种苗。挑选好的幼虾装入塑料虾筐，每筐虾重量不超过5千克，每筐上面放一层水草，保持潮湿，避免太阳直晒，运输时间应不超过1小时，运输时间越短越好。

（3）亲虾留存。由于小龙虾人工繁殖技术还不完全成熟，目前还存在着买苗难、运输成活率低等问题，为满足稻田养虾的虾种需求，建议在8～9月成虾捕捞期间，前期是捕大留小，后期应捕小留大，目的是留足翌年可以繁殖的亲虾。要求亲虾存田量为每亩不少于15～20千克。留下的部分成虾在虾沟中可自然交配和产卵。可采取5～7天适当降低一次水位的方式，以利于小龙虾在沟坡上沿水位线上端掘洞穴居。当沟中的小龙虾处于交配繁殖期时，应适当补充投喂一些优质饲料，以促进其性腺发育。

稻-虾共作生产4年后，由于多代的近亲繁殖会导致种质退化，因此要彻底清沟，重新更换亲虾的种质资源。或养殖期间幼虾补放时，注意选择不同来源的优良虾种，以延长苗种的更换周期。

8.其他管理工作

（1）稻田冬季施肥培藻。水稻收割后，将部分粉碎的秸秆还田，晒田3～4天，接着将大田灌满水，水深为20厘米左右，3天后重新换一次水，再对大田进行消毒，一周后可移栽伊乐藻等水草，20天后等水草扎根发芽后再加注水，使沟、田水位相同。虾沟中的亲虾及新孵化出的小虾苗可利用秸秆新发出的嫩芽、水体中的浮游生物和底栖生物作为饵料。或者在水稻收割后，每亩用商品秸秆腐熟剂2千克，使秸秆快速腐熟，既能肥田，又能作为小龙虾饵料。做好小龙虾越冬管理工作。12月至翌年2月，随着气温不断下降后，小龙虾进入冬眠阶段。在整个秋冬季，注重投肥、投草、培肥水质。进入新一轮稻-虾共作期，稻田秸秆腐熟后，田间有水时，每亩撒施50～100千克生物有机肥或投放200～250千克干鸡粪，装干鸡粪的袋子不用打开，让其在稻田里沤制，于翌年3月上旬再开袋，满田均匀泼撒，其目的是培养大量的浮游生物，为幼虾提供良好的饵料。

（2）入冬后稻田养殖小龙虾注意做到如下几点。①加固。稻田养虾，由于虾苗来到新的环境后会到处打洞造穴，如果田埂偏窄，容易被小龙虾"穿墙打洞"，造成虾苗逃跑、水田漏水，所以及时加固养殖沟坡面。②造穴。在田沟两边田面15厘米以下用木棍或铲子营造一些人造洞穴，洞穴角度要小，尽量达到与田面平行。小龙虾有了现成的洞穴，就不用自己"劳神费力"，节省体力，同时减少对田埂的损坏。③覆草。在稻田中适当撒一些作物秸秆（如稻草），一是起到保暖的作用，二是起到食料的作用（因为秸秆稻草腐烂后是小龙虾很好的饲料）。④饲喂。入冬前，适时、适量给小龙虾增加营养，如麸皮、玉米糁子等，将饲料用水调和，捏成小团放入田中，便于小龙虾生长繁殖。⑤保水。要保持养殖沟水深1.0米，或水位高于田面10厘米，不要时高时低，因为水面变化容易造成小龙虾重复打洞、转移洞穴，消耗体能，甚至造成虾苗死亡。

## （四）稻-虾-再生稻模式生产技术

发展稻-虾-再生稻生产模式，既稳定粮食生产，大大减轻劳动强度（一季栽培两季生产），又减少化肥、农药的施用，节约资金，保护生态环境，同时延长小龙虾的生长周期，增加稻谷和小龙虾产量，提高了农产品的质量，显著增加农民收入。稻-虾-再生稻模式生产流程见图22。

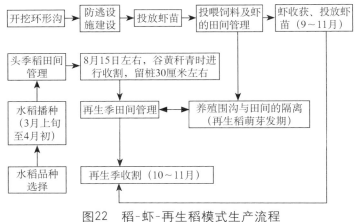

图22　稻-虾-再生稻模式生产流程

## 1.水稻品种选择

（1）品种选择原则。利用再生稻田开发稻-虾-再生稻模式，再生稻要选用头季稻能高产，后季再生能力强、熟期适宜、品质优良、抗逆性强、适应性广的品种或组合，以早中熟品种为主，生育期为130～135天，由于各地区气候生态条件不同，应根据实际情况因地制宜选择适宜在本地推广的再生稻品种。

（2）选择适合本地区的品种。应该考虑选择两季安全齐穗和成熟的再生稻品种，选择生育期较短、分蘖力强、株秆健壮、超高产的超级稻品种。根据多年的生产研究，适合湖北栽培的再生稻有新两优223、黄华占、天两优616、天优华占、甬优9713、甬优4949、两优6326（适合于鄂东南）、丰两优香

1号（适合于江汉平原）、广两优15（适合于黄冈地区）等；适合于湖南栽培的再生稻品种有Y两优9918、黄华占、准两优608、C两优608、美香粘2号、天优华占，此外还有泰优390、盛泰优018、准两优109、Y两优1号、农香98、香两优68、欣荣优华占、隆两优华占（适合于湘南地区）等；适合江西栽培的再生稻品种有晶两优华占、晶两优1212、深两优5814、准两优608、C两优华占、隆两优1212、特优63、协优46、两优培九、扬稻6号、新香优63、汕优64（适宜在海拔较高的丘陵山区种植）；适合四川栽培的再生稻品种有汕优63、内7优39、内5优317、F优498、冈优900、内5优H25、川农优华占、沪优908、渝香203、冈优527、冈优725（适合于川东南地区）、Ⅱ优7号（适合于四川自贡地区）等；适合福建栽培的再生稻品种有甬优2640、汕优63、深两优865、两优616、合汕优明86、Ⅰ优明86、D702优多系1号、Ⅱ优航1号、Ⅱ优航2号、Ⅱ优航148、Ⅱ优936、嘉优99、新嘉优99、中浙优8号、纳科2号、宜优673、机收1号等，以及中佳辐占、天优3301、岳优9113和嘉早312等（较适宜福州市）；适合广西栽培的再生稻品种有中浙优1号、Y两优1号、新两优6号、中浙优8号、野香优3号、黔两优58等品种；适合安徽栽培的再生稻品种有深两优5814、准两优608、皖稻119、新两优6号、培两优288等；适合重庆栽培的再生稻品种有准两优527、深两优5814、川农优528、渝香203、西农优7号等。

## 2.头季稻栽培技术

（1）培育壮秧，适时移栽。种好头季杂交稻既是头季稻本身需要，又是再生稻丰产的基础。

播种时间确定：①适时播种是关键。安排播期的原则：一是避开倒春寒和秋寒，保证再生稻安全齐穗；二是确保头季稻收割后30天左右有适宜的温度和光照。培育壮秧秧苗类型以长龄壮秧、多蘖大苗栽培为主。保温育秧，尽量早播，充分利用春季前期积温，使再生稻提早成熟，确保再生稻高产。3月25日前播种，机插秧模式下有温室或大棚育秧条件的地区可提早到3月20日左右播种。每亩大田用种量为1.5千克左右，机插秧育秧时应均匀播于25个左右育秧盘。采用旱育秧时，秧田与大田面积比应大于1：20。例如，在湖南地区，早稻作再生稻播种时间为3月16～31日。中稻作为再生稻栽培必须与早稻同期播种。移栽、抛秧：3月20日至4月5日播种；设施育秧：3月15日后播种；直播：4月5～15日播种。确保8月10日前后收获头季稻，9月15日前后再生稻齐穗。②适期早播，增（保）温育秧。例如，在湖南地区，生育期长一点的品种如Y两优1号，选在3月中下旬播种；生育期较短的品种如准两优608、C两优608，可在3月下旬至4月5日前播种，但收获期必须保证在8月15日前为宜（最好在8月10日前）。

种子处理：①采用"一浸多洗"或"少浸多露"

的方法催芽。首先用清水把秕谷去掉，然后用5克强氯精加咪鲜胺对35℃的温水浸种1.5千克消毒46小时，再用35℃的清水洗干净，然后保温催芽（最适宜温度为32～35℃，不能高于38℃）8小时左右，若谷壳露白则用35℃的温水浸10分钟，沥干后再保温催芽，如此反复催芽，达到理想效果适时播种。特别注意事项：浸种时间切莫过长，过长会严重影响发芽率；一定要芽谷播种，严禁哑谷或干谷播种。②催芽、拌种：当种子露白时，每千克种子用优拌（60%吡虫啉悬浮种衣剂）2克＋碧护（0.136%赤·吲乙·芸苔可湿性粉剂）0.2克拌种。拌种方法：将10毫升优拌＋1克碧护溶于100毫升水中，充分搅匀后，倒入已催芽的5千克种子中（干种子量），摊开放置4～10小时后播种。

秧田准备和用种量：①选用向阳高肥避禽畜危害的田块为秧田；播种前施足底肥，每亩秧田施45%三元复合肥20千克＋1千克锌肥作底肥。②根据不同移栽方法进行播种育秧，再生稻主要采用抛秧、机插秧或手插的方式。抛秧用308孔的塑料软盘5。③每亩用种量：软盘育秧用种量2千克，湿润育秧用种量1.5千克，机插育秧用种量2.5千克。

秧田管理：秧苗一叶一心时每亩施尿素5千克作为"断奶肥"，移栽前5天每亩施尿素5千克作为"送嫁肥"；另外，还要注意做好秧田病虫查治及鼠害、鸟害和草害的防治工作，插秧前防治病虫害一次。机插秧根据工厂化育秧技术环节培养壮秧。秧龄：抛秧的秧龄20～25天，机插秧的秧龄18～22天，手插秧的秧龄不超过30天。

适时移栽：人工栽插可采用宽窄行（宽行29.7厘米，窄行16.5厘米，株距16.5厘米）移栽，或者采用宽行窄株（如16.5厘米×26.4厘米）移栽。栽插时采用双本移栽，插足基本苗。秧龄30天以上时，注意每蔸4～5苗（含主茎），每亩插足8万基本苗。机插秧秧龄在25天以内时，株距调整到13.2厘米左右，保证栽插密度，每亩插足基本苗5万左右。

（2）大田管理技术。

科学管水：头季稻除返青期、孕穗期和抽穗扬花期田间保持一定的水深外，其他阶段均以间歇灌溉、湿润为主。头季稻在收获前5天断水，切忌断水过早。在水稻移栽后一个月左右，头季稻每亩苗数达到18万左右时及时排水晒田，最高苗数控制在25万以内，确保成穗18万。前茬机收时，收割前晒田时间可适当提早和延长，要求田面彻底晒干发白，防止机械收获时对母茎碾压损伤严重大而影响再生稻产量。采用稻-虾-再生稻生产技术时，在头季收获前注意将田间平台小埂（围沟内缘田埂）加固封闭，使种稻大田与养殖围沟隔离；在收割水稻时，把田水放入围沟，再次引虾入沟，同时注意向养殖围沟中投放大量水草，这样在大田头季稻收割复水后，可有效防小龙虾从围沟中爬入田中，取食水稻再生茎芽。在有条件的情况下，最好根据田间养殖围沟的宽度和长度自制简易生物浮床，用生物浮床将围沟罩住与大田田体隔离一段时间，以免在水稻在再生季再生芽生长期间小龙虾进入田间取食水稻再生嫩茎。

合理施肥：头季稻的肥料应施足，不仅使头季稻产量高，再生稻发苗也多，产量高。按中稻生产进行施肥，保证头季稻产量，同时不至于引起倒伏。科学配方施肥，总的原则是控氮、稳磷、增钾、补微。头季稻每亩施纯氮12千克左右，氮、磷、钾的比例为1：0.6：0.8。基肥以复合肥或磷钾肥为主，增施生物有机肥有利于抗倒防衰。氮肥按基肥：分蘖肥：穗肥=5：2：3的比例进行分配，即氮肥底肥占50%，返青肥占20%～30%。晒田复水后施穗肥20%～30%。头季稻收割前再施一次促芽肥，促芽肥一般在头季稻收割前7～10天（齐穗后15～20天），每亩施尿素10千克、氯化钾3～5千克，在雨后施用效果更好；但当营养过剩时不宜施用促芽肥，促芽肥过早施用可能造成头季稻贪青晚熟。磷肥全部底施；钾肥底肥施50%，其余的50%在晒田复水时与氮肥一起追施。

以Y两优9918品种作为再生稻栽培为例，①底肥：大田每亩施氮、磷、钾复合肥（氮、磷、钾的比例为1：1：1）35～50千克（高肥力稻田35千克，中低肥力稻田50千克）。②移栽后5～7天，结合施用除草剂（采用低毒、低残留的草铵膦）每亩追施尿素10～12.5千克、�都发200克、俄罗斯硅肥5千克。③穗肥：晒田复水后，每亩施5千克尿素加10千克钾肥或10千克复合肥加10千克钾肥。④收割前

7～10天，每亩施氮、磷、钾复合肥（氮、磷、钾的比例为1∶1∶1）20～25千克。底肥、分蘖肥、穗肥施肥比例为5∶3∶2。

以Y两优1号作为再生稻栽培为例，每亩施农家肥750～1 000千克+45%复合肥30千克+尿素5～7.5千克（或碳酸氢铵15～20千克）作为基肥；移栽后5～7天，每亩施尿素7.5～10千克+氯化钾7.5千克作为返青肥；抽穗前7～10天，每亩施尿素4～5千克+氯化钾5千克作为穗肥；头季稻齐穗后15天左右，施用促芽肥可促进休眠芽的早生快发，为再生稻生长打下良好基础，每亩施尿素15～20千克作为催芽肥。

防治病虫：在破口抽穗期，注意防治二化螟、稻纵卷叶螟、稻飞虱、纹枯病、稻瘟病。

及时收割，适当留桩：头季稻9～10成黄时在晴天收割，做到收割青秆活秆，保证再生能力。各地的温、光条件不同，一般情况下头季稻的收割应保证在8月15日前进行，以避开再生稻抽穗灌浆时的寒露风。根据头季稻的高度和收割时间确定适宜的留茬高度，留茬高度与倒三叶叶枕平齐为宜。一般株高110厘米以上的品种留茬50厘米，株高100厘米左右的品种留茬40厘米左右。收割时，要做到整齐一致（平割，不要斜割），并抢晴收割，具体是晴天下午割，阴天全天割，雨天抓紧雨停后抢割。割后稻草要及时运出田外，不要压在稻桩上，压倒的稻桩应及时扶正，促使再生稻发苗整齐一致。

3.再生稻栽培技术

（1）科学管水。头季稻收割后，必须及时灌水护苗，头季稻收割时如遇高温干旱，则应给禾蔸浇清水，以增加田间湿度，降低温度，提高倒二节、倒三节位芽的成苗率。再生稻齐苗后保持干干湿湿。降温防寒减损：头季收获后1～3天灌浅水，日灌夜排跑马水；收获后早晚喷水；后期遇寒露风时灌深水；喷叶面调节剂：磷酸二氢钾＋芸薹素内酯＋氨基酸。

（2）施提苗肥。再生稻提苗肥一般在头季稻收割后2～3天施用，每亩施尿素10千克，施肥时应保证田中厢面平台有浅水，促使再生苗整齐粗壮。

（3）防治病虫害。主要注意防治稻飞虱、叶蝉等。

（4）喷施叶面肥。在再生稻始穗期用赤霉素，可促进再生稻抽穗整齐和灌浆，每亩用量1克，加磷酸二氢钾100～150克，对水50千克喷雾。

（5）晒田。收割前10天，在田块低洼处将田块平台边缘的田埂开口排水至围沟中，进行晒田，以使田块硬实便于收割机入田。

（6）黄熟收割。由于再生稻各节位再生芽生长发育先后不一，抽穗成熟期也参差不齐，所以要坚持黄熟收割，不宜过早，以免影响产量。

4.再生稻高产高效栽培关键问题

实践证明，实现水稻再生稻高产高效必须做到"四个确保"。

（1）确保头季稻在立秋前后能正常成熟收割，为再生稻争取时间。

选择品种：选用生育期适中、头季能高产、后季再生能力强、品质优良、抗逆性强、适应性广的品种或组合。例如，湖南省可选用的品种生育期在130天左右，能确保春分前后播种，立秋前后正常成熟收割。目前，湖南省大面积种植的品种主要有美香粘2号、天优华占、泰优390、Y两优9918、准两优608、黄华占、Y两优1号、C两优608等。

适时早播：多在3月中下旬（春分前后）播种，实行薄膜小拱棚覆盖保温育秧或旱育秧。由于我国各个地区海拔、纬度的不同导致各地光、温差别较大，因而播种时期也有所不同，但总体上都采取头季稻尽量早播。从气候条件看，长江中下游地区寒露风多在9月15前后（如在湖南，湘北早的在9月10日，湘南较晚的在9月15日；安徽沿江地区则是在9月15～22日）来临，而头季稻收割至再生稻齐穗一般需25～30天。为保证再生稻安全齐穗并获高产，头季稻必须早播、早栽、早收。例如，四川省一般在3月1～13日播种（自贡地区适宜播种期为2月下旬至3月上旬）；重庆市一般是在2月中下旬至3月上旬播种；云南省一般在2月10～20日播种；福建省一般在3月10～25日播种；湖南省在3月下旬至4月初播种。早播的田块，可采用地膜育秧，还可采用塑料软盘育秧抛栽。使头季稻在8月15日前成熟，再生季在9月18日前安全齐穗，确保避过寒露风，10月下旬至11月初成熟收获。

（2）确保在头季稻丰产稳产基础上叶青子黄，为再生季提供健壮的母茎。依托在选好品种和适时早播基础上，着重做到培育带蘖壮秧，合理密植，防好病虫，管好肥水，养好稻根，护好稻叶。

培育带蘖壮秧：育秧方式有旱育秧和湿润育秧两种。①旱育秧。选用菜园地或肥沃疏松的旱地作秧床，提前5～7天施肥、翻土、开沟、整厢，每亩施30%复合肥（氮：磷：钾比例为15：6：9）30千克作基肥。播种前，一是对种子进行浸种、催芽，当种子露白、根芽凸起时开始播种；二是浇透秧床，使5厘米表土层达到水饱和状态。每亩秧床播种35～45千克，供30亩大田栽插。②湿润育秧。施肥、翻土、开沟、整厢、搭小拱棚、盖尼龙膜保温等方式方法与旱育秧相同。但要注意3点：一是播种量要小些，每亩秧田播种15千克；二是秧田以防除稗草为主，在秧苗2～3叶期时，每亩秧田用50%二氯喹啉酸可湿性粉剂13.5～26.0克，对水30千克喷施，施药前将水排干，施药后的翌日回水，并保持3～5厘米水层；三是在2～3叶期时，每亩秧田用25%多效唑悬浮剂40～50克，对水30千克喷施。

适时移栽，插足基本苗：在秧龄30～35天、叶龄5～6片、单株带蘖2～3个时，及时移栽。株行距为（14.0～15.5）厘米×26.5厘米，确保每亩大田栽足1.6万～1.8万蔸，基本苗7万～9万。如果采用直播方式的，每亩播种量为2千克，播种均匀。

早管促早发，够苗晒田控制无效分蘖：①基肥。在大田耕整时施基施，每亩施30%复合肥50千克、大粒锌肥400克。②分蘖肥。在水稻移栽返青时，每亩施尿素和氯化钾各7.5千克。③平衡肥。在秧苗栽插后15～20天，根据秧苗生长情况补施适量尿素，促秧苗平衡生长。④穗肥。在再生稻破口抽穗期用赤霉素30克/公顷+磷酸二氢钾3.75千克/公顷对水喷雾，促进抽穗整齐。

加强病虫测报，综合防治病虫害：重点是在头季稻破口抽穗期要进行一次防治；于头季稻收割后7～10天防治稻飞虱。当病虫害严重时，养殖稻田选择高效、低毒、低残留的农药，及时对症综防一次。

（3）确保头季稻稻桩母茎腋芽多萌发和快生长，为再生稻提供足够的有效穗数。在养好头季稻根、护好头季稻叶的基础上，着重做到适时重施促芽肥、壮苗肥，及时收割头季稻，适当高留稻桩。

适时重施促芽肥，促进母茎腋芽萌发和生长。在头季稻齐穗后15～20天，每亩施尿素7.5～10千克和氯化钾7.5千克。如果头季稻在生长后期有脱肥、出现早衰迹象，则施肥时间可适当提前，尿素用量适当提高一些，每亩施尿素10千克以上的应分两次施。

及时收割头季稻，适当高留稻桩。头季稻90%～95%谷粒成熟时及时收割（活秆收割）。稻桩高度应以保留至倒二节位上方5厘米为宜，一般留桩高度为30厘米左右。收割时，要做到整齐一致（平割，不要斜割），抢晴收割。收割后稻草要及时运出田外，不要压在稻桩上，踏倒的稻桩应及时扶正，以促使再生稻发苗整齐一致。

（4）确保再生稻田间管理措施到位，为再生稻丰产稳产提供足够的营养。着重做到科学管水、早施壮苗肥、根外喷施调节剂、防治病虫害、黄熟收割。

科学管水：在头季稻收割后，及时回水护苗，齐苗后保持田间干干湿湿状态至再生稻成熟。头季稻收割时，如遇高温干旱，应适当灌水，增加田间湿度，降低温度，提高母茎倒二节和倒三节位腋芽的成穗率。

早施壮苗肥：头季稻收割后2～3天，在及时回水的同时，每亩施尿素7.5～10千克，促使再生苗整齐健壮。

根外喷施调节剂：在头季稻收割后2～3天，每亩用75%赤霉酸粉剂2克＋磷酸二氢钾100～150克，对水50千克喷雾；在再生季始穗期，每亩用75%赤霉酸粉剂1～2克＋磷酸二氢钾100～150克，对水50千克喷雾。

防治病虫害：重点是在再生稻破口露穗前2～5天，每亩用75%三环唑可湿性粉剂30克，对水30千克喷雾防治穗瘟病。

坚持黄熟收割：由于再生稻各节位腋芽生长发育先后不一，抽穗、成熟也参差不齐，所以要坚持黄熟收割，不宜过早，以免影响产量。

5.小龙虾的饲养和日常管理

具体详见"小龙虾田间生产管理技术"部分及"稻-虾共作生产技术"部分。

## （五）稻-小龙虾生产矛盾关键问题的解决

稻-虾共育的主要矛盾体现在3个方面，即浅灌、烤田与养虾的矛盾，稻田施用化肥与养虾的矛盾，稻田施用农药与养虾的矛盾。利用稻田养虾要坚持"以稻为主，以虾为辅"的原则，解决好稻、虾之间的关系，把稻田养虾作为稻谷增产的一项双收益措施。稻、虾矛盾关键问题解决方法如下。

### 1.浅灌、烤田与养虾的矛盾及其解决方法

水稻是沼泽性植物，其根不是水生根，为满足水稻根对氧气的需要，在水稻生长期必须经常调节水位，干湿兼顾，以促进根系发育。稻田浅灌和烤田是水稻高产栽培的一项重要技术措施，但这些措施对小龙虾生长不利。小龙虾需要水量较多，水位稳定的环境又不利于水稻生长。因此，稻田养虾必须创造一个稻、虾互利的环境条件。

（1）浅灌与种稻养虾的关系。早、中稻对水的要求为"浅水灌溉、适水露田、足水抽穗"，而晚稻则对水的要求为"深水活苗、浅水分蘖、足水抽穗、湿润灌浆"。总的来说，稻秧要求前期浅水，中后期适

当加深。水稻田对水位的要求是前期水浅,中后期适当加深水位。前期水浅,此时虾体较小,对小龙虾的活动影响不大;以后,随着水稻生长和小龙虾的长大,水位也相应加深,基本符合小龙虾活动要求。因此,在种稻养虾前,只要搞好田间工程,稻田浅水勤灌与养虾矛盾是不大的。

(2)烤田与养虾的矛盾。①烤田与种稻的关系。烤田,又称晒田、搁田,一般在稻秧栽插近一个月时进行。有时要将稻田晒得水稻浮根泛白,表土轻微裂开,以控制无效分蘖,促进水稻根系向土层深处发展,保持植株健壮,防止倒伏,提高产量。②烤田对小龙虾的影响。在水稻生长发育的不同阶段,其需水量是在变化的。稻田水量多,水位保持时间长,对小龙虾的生长是有益的,但对水稻生长却不利。稻田养殖小龙虾,水稻需水和养虾需水是一对主要矛盾,所以做好水位调节是稻田养殖小龙虾的重要一环。烤田对稻田中小龙虾的生长会造成影响。一方面,特别是一季中稻,稻秧栽插近一个月左右时需要晒田,此时气温较高,将稻田水排浅后,易导致养殖沟中水体温度的升高,对小龙虾安全越夏影响较大。另一方面,水稻收割前的排水晒田,对小龙虾的生长亦有一定的影响。

(3)科学管水化解矛盾。水稻返青后25～30天,每亩总茎蘖数达到18万～20万时开始晒田。晒田前,要清理沟凼,防止淤塞,沟内水位低于田面10～15厘米,晒好田后及时恢复原水位。水位控制一般原则：水位调节，以水稻为主，兼顾小龙虾生长要求。在小龙虾放养初期，田水可浅，保持在田面以上15厘米左右即可。随着小龙虾的长大，需求活动空间加大以及水稻抽穗、扬花、灌浆需要大量水，水位可以控制在20～30厘米，抽穗后期适当降低水位，干干湿湿，养根保叶，活熟到老，收获前一周断水。在高温季节中，要加深水位，防止小龙虾缺氧上爬逃逸。

要解决这一矛盾，除要求轻烤田外，应从水稻栽培和开挖养殖沟等综合措施入手。第一，培育多蘖壮苗，特别是培育大苗，栽足预计穗数的基本茎蘖苗，这样可以大大减少无效分蘖的发生。第二，施肥实行分蘖肥底施，严格控制分蘖肥的用量，特别是无机氮肥的用量，使水稻前期不猛发，达到稳发稳长、群体适中，这样可减少烤田次数和缩短烤田时间。第三，设计并做好田间工程建设。开挖的田间虾沟要求深不低于60厘米，围沟深不低于1.2米。晒田前将围沟和田间沟内淤积的浮泥清到田面或田外，同时把田埂四角各挖50厘米，与四周大沟（围沟）相通，引诱虾随水流入大沟。待田晒好后，要及时恢复原水位，尽可能不要晒得太久，一般3～5天即可，避免虾在围沟中因活动范围小而影响个体生长发育。水稻根系有70%～90%分布在表层20厘米之内的土层，烤田时将虾沟里的水位降低20厘米，田间沟的水位保持在30～40厘米、围沟的水位保持在0.8～1.0米，这样既可达到烤田时促下控上的目的，又不影响小龙虾正常生长。

目前，不少稻田养虾高产单位一般采用轻烤田或不烤田。所谓轻烤田，就是在烤田季节，晴天白天放水烤田，夜间灌水。不烤田，就是选择深水稻（巨型稻）来作为稻虾生产的主栽品种，稻田可不烤田，因深水稻往往为茎秆粗壮、不易倒伏的杂交稻种，并用多蘖大苗栽插，在淹水状态下可长期生存。在分蘖后期用提高水位的方法来控制无效分蘖。深水稻生物量大，根系发达，特别是每节都能形成发达的水生根，此外深水稻抗性好（抗倒伏、抗病、抗虫）对田体的水质净化作用大。深水稻的栽培：4月中旬，采用育秧盘育秧；5月中旬，当秧苗3～5叶龄时，人工移栽（秧龄不要超过5叶龄）到稻田平坦处。采用常规垄，株距为40厘米，行距为80厘米，或采用宽窄行（大垄双行），株距为40厘米，窄行60厘米，宽行100厘米，每穴1～3株，栽种面积约为稻田面积的70%，保持水位5～10厘米。田间管理主要工作是水位管理和虫害控制。移栽后5天内，田间保持10厘米左右水深，以利水稻充分分蘖，以后根据水稻的株高和养殖生产需要，逐步提高水位，水位以不淹没心叶为准，做到"稻长水高"。

### 2.稻田施用化肥与养虾的矛盾及解决方法

（1）施用肥料与种稻养虾的关系。养虾稻田施用肥料的种类、数量、时间对稻谷和小龙虾的产量均有影响。数量、种类搭配得当，施肥及时，稻谷产量高，小龙虾产量也会随之上升；反之，稻谷产量低的稻田，小龙虾产量也相对较低，因为小龙虾的饵料生物大量繁衍所需的氮、磷、钾元素也是稻谷增产必不可少的肥料。目前，稻田养虾施基肥和追肥，一般基肥用量约占总量的70%，追肥约占30%。养虾稻田应重施基肥，且以腐熟农家肥（如人畜粪便、草木灰、绿肥、堆肥等）为主，使用绿肥效果更佳，有利于肥田肥水。农家肥也可用作追肥。

（2）处理好追施化肥与养虾的矛盾。稻田追肥主要是施用铵态氮肥及酰胺态氮肥，前者对虾类影响较大。施肥量大（通常每亩10～15千克）时，施肥前通常要求降低稻田水位，施肥后田水肥力高，造成水体缺氧，对小龙虾生长造成一定威胁。为解决这一矛盾，主要方式是控制化肥用量，讲究施肥技术。一方面，施肥前要求降低稻田水位（可使虾沟内的水位保持在低于大田厢面15厘米），而且施用化肥量通常为每次每亩10千克以内，直接将肥料均匀施入稻田，使化肥迅速沉于底层为土壤和水稻所吸收，施肥后加水至正常水位。另一方面，可采用分段间隔施肥法，即一块稻田分两部分施肥，中间相隔2天左右，这样一部分稻田施肥时小龙虾会自然地爬到另一部分稻田中回避，待到另一部分稻田施肥时，小龙虾又会向施过肥的部分转移。

此外，养虾稻田应多施农家肥，施足基肥，少用追肥。一般每亩稻田施农家肥1 000～1 500千克，另加尿素30～50千克为宜。有机肥和70%的化肥用作基肥。插秧后，化肥量的30%务必在抽穗前施完，避免小龙虾进入稻田后中毒死亡。稻田基肥在插秧前一次施入耕作层内；减少养殖期间化肥的施用量（每亩不超过10千克）和施用次数。化肥作追肥时一般施用2～3次（相当于每月追肥一次），切忌追施氨水和碳酸氢铵。

3.稻田施用农药与养虾的矛盾及解决方法

（1）稻田施用农药与种稻养虾的关系。在水稻生长期间，常见病虫害多达20种，在水稻生产中为了获得高产稳产，必须加强其病虫害草害的防治。例如，湖南省各类型稻田以"三虫三病"（即稻飞虱、稻纵卷叶螟、二化螟、纹枯病、稻瘟病、稻曲病）为重点防治对象。小龙虾是杂食性动物，在稻田养虾，可有效地清除水体、土壤中的微生物和昆虫，对农作物病虫害起到一定的预防作用，同时也可清除人工防虫、物理杀虫过程中掉落水中、地上的昆虫，对虫害的再次发生起到一定的控制作用，有利于水稻生长。稻田养虾后，由于小龙虾能食草、食虫、食水稻部分老叶，水稻病虫害较为减轻。因此，稻-虾共作时，一般情况下不施用化学农药和除草剂，但在病虫害发生的高峰期或危害严重时，应施药防治。农药中绝大多数对小龙虾是有毒的，特别是一些高毒、高残留的化学药剂会对稻田中的小龙虾产生致命性毒害作用，有效地化解稻田种稻养虾与施用农药的矛盾势在必行。

（2）施用农药与养虾矛盾的科学化解。防控策略除采用化学农药防治外，稻田养殖小龙虾应首先提倡生物防治、物理防治和使用生物农药，以有利于保护稻田生态环境，保护害虫的天敌，减少化学农药用量以及农药残留引起的污染。在稻-虾共育种养模式下水稻病虫害的防治上，以防为主，除清田清沟药物外，最好通过物理和生物的办法解决。

非化学防治：①灌深水灭蛹。在二化螟化蛹高峰期时，及时灌5～10厘米的深水，经3～5天，杀死大部分老熟幼虫和蛹。在螟虫成虫羽化前（4月10日前），及时将稻田翻耕并灌水浸沤，淹灭稻桩中的螟虫的蛹，减少螟虫基数，减轻为害。②农业防治。合理利用和保护天敌。田垄种植大豆和芝麻保护利用天敌，利用青蛙、蜘蛛、蜻蜓等捕食性天敌和寄生性天敌的控害作用来控制害虫为害。利用趋避植物，如在田埂种上鼠尾草、香根草、除虫菊、薄荷、蓖麻等，可减少七八成的水稻害虫，效果很好。③诱虫灯诱杀成虫。利用害虫的趋光性，在田间设置诱虫灯，诱杀二化螟、大螟、稻飞虱、稻纵卷叶螟等害虫的成虫，减少田间落卵量，降低虫口基数。每30～40亩安装一盏灯，采用"井"字形或"之"字形排列，灯距为150～200米，天黑开灯，1：00关灯，定时清理。另外，昆虫富含蛋白质，是小龙虾的优质饵料。④性诱剂诱杀。用昆虫性激素诱杀二化螟、稻纵卷叶螟。在二化螟每代成虫始盛期，每亩放置一个二化螟诱捕器，内置诱芯一个，每代换一次诱芯，诱捕器之间距离25米，放置高度在水稻分蘖期以高出地面30～50厘米为宜，在水稻穗期以高出作物10厘米为宜，采取横竖成行、外密内疏的模式放置。在稻纵卷叶螟始蛾期，每亩放置2个新型飞蛾诱捕器，距离为18米，诱芯所处位置低于稻株顶端10～20厘米，每30天换一次诱芯。⑤管好水肥控制病害。避免长期浸灌，浅水薄露灌溉，适时晒田，控制纹枯病。避免偏施和迟施氮肥，提高水稻对稻瘟病和纹枯病的抗性。⑥人工防虫。水稻发生病虫害时，采用人工灭虫效果较好。人工灭虫的方法：先提高田面水深至15厘米，然后用竹竿在田中间驱赶，使害虫落入水中，变成小龙虾的食物，人工灭虫3～4次，基本上可以控制虫害。⑦生物防治。我国稻田病虫害的天敌种类较多，如稻田蜘蛛是水稻二化螟、稻纵卷叶螟、稻飞虱、稻叶蝉等害虫的最大天敌，其他还有盲蝽、隐翅虫、步甲虫等捕食性天敌，可控制和减轻虫害的发展。⑧采取生物制剂防治。如采用苏云金杆菌乳剂、井冈·蜡芽菌防治水稻纹枯病、稻曲病，采用枯草芽孢杆菌或春雷霉素防治稻瘟病等。苏云金杆菌新菌株制剂对水稻螟虫具有良好的防治效果，同时具有杀虫力强、杀虫谱广、生产性能好等优点。此外，还可用寡雄腐霉防治立枯病、恶苗病，用井冈霉素或井冈霉素和蜡质芽孢杆菌的复配剂防治纹枯病、稻曲病，用枯草芽孢杆菌、乙蒜素或春雷霉素防治稻瘟病，用农用链霉素防治细菌性条斑病，用苏云金杆菌、短稳杆菌、防治螟虫、稻纵卷叶螟等，用球孢白僵菌防治稻飞虱等。但需要注意的是生物农药要比化学农药提前2～3天使用，避免高温干旱时使用，不要与杀菌剂混用。

化学防治：总原则是选用高效、高活性、高含量、低毒、低残留、低污染的"三高三低"农药及其减量使用技术。首先，种子处理防病灭虫，早、中稻种子用咪鲜胺浸种，预防秧田恶苗病和稻瘟病。中、晚稻种子用吡虫啉浸种或拌种，预防秧田稻飞虱和稻蓟马。其次，确定好当地水稻主要病虫害防治的最佳时期，一般来说，绝大多数病虫害的防治指标或防治适期在破口抽穗期。例如，二化螟的卵孵化盛期与水稻破口期相吻合，稻飞虱在穗期每百从1 500头、稻纵卷叶螟在穗期每亩幼虫量超过10 000头为防治适期，稻瘟病在长期适温阴雨天气后的穗期、稻曲病在水稻破口抽穗期均易发病。最后，注意用药的浓度和方式。一是水稻生产前期适当放宽防治指标，在病虫害严重时，使用对虾类毒性较小的化学农药，且施农药时要注意严格把握农药安全使用浓度，确保虾的安全。二是施药方法要得当。在施用农药前先把虾引入周围大沟，同时将稻田中的水位提高至10厘米以上，喷药后及时更换部分稻田中的水，以免农药对虾体造成危害。为了防止施药期间沟内小龙虾密度过大，造成水质恶化缺氧，应每隔2～3天向虾沟内冲一次新水。等虾沟内药力消失后，再向稻田里灌注新水，让小龙虾爬回田中。三是采取分段用药的办法，将稻田分成若干个小区，每天只对其中一个小区用药。一般将稻田分成两个小区，交替轮换用药，这样小龙虾在用药时可有地方躲避，避免伤害。四是用药以喷雾方式为主，喷雾水剂的时间宜在晴天17:00以后进行，因稻叶下午干燥，大部分药液吸附在水稻上。下雨前不要喷药，以免雨水将稻株上的药物冲入水稻田水中导致小龙虾中毒。同时，注意将药喷洒于水稻叶面，尽量不喷入水中。水稻施用化学农药，应避免使用含菊酯类和有机磷类的杀虫剂，以免对小龙虾造成危害。此外，稻田养虾期间不能施用任何除草剂。水稻主要病虫害有稻飞虱、卷叶螟、纹枯病和稻瘟病，防治药物推荐使用噻虫啉、氯虫苯甲酰胺等。

稻-虾共育时，由于小龙虾食草、食虫、食水稻老叶，水稻病虫害减轻。但在病虫害发生的高峰期，应选用高效、低毒、低残留的农药防治。禁止使用对虾类高毒的农药品种；应选用水剂或油剂，少用或不用粉剂农药。农药使用应符合《农药合理使用准则（九）》（GB/T 8321.9—2009）的规定和《无公害食品　渔用药物使用准则》（NY 5071—2002）中有关禁用渔药（农药）的规定，使用无公害水稻生产中的常用农药品种及常用剂型（表1）。根据水稻病虫害发生情况，适时使用农药，同时注意用量、次数、安全间隔期等，不同种农药尽量交替使用，施药方法要得当。

表1　稻田养小龙虾农药的选择

| 安全农药 | 避免使用的农药 | 禁止使用的农药 |
| --- | --- | --- |
| 1.防治秧田蓟马、飞虱：选用拌种剂，有效成分为噻虫嗪的高含量种衣悬浮剂<br><br>2.防治二化螟、稻纵卷叶螟：选用氯虫苯甲酰胺，轻发区域可用苏云金芽孢杆菌（只适用于稻-虾养殖区）<br><br>3.防治稻飞虱、稻秆潜蝇、稻蓟马：可用噻虫嗪、吡蚜酮、烯啶虫胺与吡虫啉防治<br><br>4.防治稻曲病、纹枯病：可用苯甲·丙环唑、嘧菌酯、氟环唑、井冈霉素、春雷霉素、枯草芽孢杆菌<br><br>5.防治稻瘟病：可用三环唑、嘧菌酯<br><br>6.除草剂：可用草铵膦（遇土就失效），二氯喹啉酸。除草剂可选用的范围较小，基本没有好的封闭剂。茎叶处理剂，稻田养鱼除草剂必须在放养前10天使用 | 甲胺磷、乐果、氧化乐果、杀螟松、锌硫磷、稻丰散（益尔散）、马拉硫磷（马拉松）、亚胺硫磷、杀虫双、杀虫单、甲基硫菌灵、三唑酮、咪鲜胺酮、草甘膦、稻杰 | 甲基对硫磷、三唑磷、氟虫腈、毒死蜱、阿维·杀单、阿维菌素、啶虫脒、噻虫嗪、杀虫脒、阿维·唑磷、鱼藤菊、除虫菊、波尔多液、甲基对硫磷、久效磷、氧化乐果、敌敌畏、敌杀死、速灭杀丁、甲氰菊酯、灭菊酯、氯氟菊酯、氟氰菊酯、五氯酚钠、孔雀石绿、杀螟丹、杀虫脒、双、稻丰杀脒、异稻瘟净、敌碰钠、吡嘀丹、地虫硫磷、六六六、林丹、毒杀散、尔芬、滴滴涕、硝酸亚汞、治螟磷、去草胺、杀草丹、杀草醚、甲草胺、马拉扑草净等<br><br>拌种剂：禁止使用含吡虫啉、丁硫克百威的拌种剂（对鱼、虾毒性大）<br><br>防治稻纵卷叶螟：禁止使用含阿维菌素、甲氨基阿维菌素苯甲酸盐、水胺硫磷、氟铃脲（对鱼有毒）、杀螟丹（对鱼有毒）齐力成<br><br>防治稻飞虱、稻秆潜蝇、稻蓟马：禁止使用含氟虫腈、稻丰散、毒死蜱、哌虫啶、混灭威、克百威、鱼藤酮（对鱼高毒）及高含量的吡虫啉与烯啶虫胺等产品<br><br>防治稻曲病、纹枯病：禁止使用含咪鲜胺酯、戊唑醇（对鱼类有毒性）、吡唑醚菊酯、噻唑锌<br><br>防治稻瘟病：禁止使用吡唑醚菌酯、稻瘟灵（对鱼类有毒）、氰氟草酯（对鱼类有毒，要慎用）<br><br>除草剂：禁止使用噁唑酰草胺、五氟磺草胺、双草醚、噁草酮 |

# 五、稻-小龙虾衍生模式及技术

近年来，小龙虾已成为我国稻田综合种养模式中水产养殖的主力军。各地充分利用稻田及水源丰富的资源优势，以稻-小龙虾共育为基础，种养模式不断优化，衍生引导出稻-鱼-虾、稻-鳖-虾、稻-虾-鳝、稻-虾-鳅、稻-虾-蟹、稻-鳖-虾-鱼、稻-虾-蟹-鱼、稻-虾-鳝-鳅等多种复合共生模式，农户普遍亩增收4 000元以上，并取得了良好的社会效益、生态效益和经济效益。稻-小龙虾复合种养模式深受广大种粮户的推崇，推动了稻田综合种养深入发展。实践证明，"稻+小龙虾+其他水产品"复合种养是发展特色农业产业，促进精准扶贫、精准脱贫的理想路径。以下介绍的8种稻-小龙虾综合种养模式，都要选择水源充足、水质优良、排灌方便、没有污染的田块，最好选择"三低三沿"的稻田（即低产、低效、低洼、沿河、沿库、沿湖）要求田块面积最少在5亩以上。

农业生产是一个以自然生态系统为基础的人工生态系统，过多的人为干预及选择性的需求使其远比自然生态系统结构简单，生物种类少，食物链短，自我调节、抵抗和修复能力较弱，易受气候条件、环境因素、资源投入和病虫草害等的影响。农业生产的不稳定性很大程度上受自然环境和资源紧缺的约束，因而应创造良好的农业生态环境才能取得较好的生态效益和经济效益。通过不断地调整和优化农业生态系统的结构和功能，构建一个合理、稳定、高效的农业生态系统，才能以较少的投入得到最大的产出，同时有效解决人均耕地面积减少、农业资源紧缺、环境约束加剧、农业面源污染加剧和农民收入不高等难题，对保证粮食安全与稳定及农产品质量安全具有重要意义。

稻田综合种养技术实现水稻种植和水产养殖两个农业产业的有机结合，有效发挥稻田资源的内在潜力，提高稻田生产效率，增加稻田产出效益，减少化肥和农药的用量，修复稻田生态环境，保护稻田自然生产力，达到水稻和水产品同步增产，质量同步提升，农民收入持续增加的目的，从而实现"一水多用、一田多收、稳粮增收、一举多赢"的良好效果，促进水稻种植和水产品养殖两个产业的可持续发展。

## （一）稻-鱼-虾综合种养技术

稻-鱼-虾综合种养模式，是利用稻田良好的土壤环境、浅水环境和丰富的饵料来源，通过人工改造稻田，既种植水稻又混合养殖鱼、虾，以充分利用现有土地资源和灌溉水资源，提高稻田复种指数，增加稻田单位面积产出及实现农民增收的一种立体综合种养生产方式。稻田混合养殖的鱼、虾能够有效防控稻田杂草和水稻害虫，可节省稻田除草、除虫的人力和物力，减少农药用量。鱼、虾在田间活动对土壤起到疏松作用，鱼、虾排泄粪便可直接还田，为水稻生长提供肥料，可减少化肥用量。另外，水稻秸秆还田后，能够作为鱼、虾的饲料和栖息场所，既增加了鱼、虾食物来源，又能够有效解决秸秆焚烧造成的环境污染问题。稻-鱼-虾综合种养技术流程见图23。

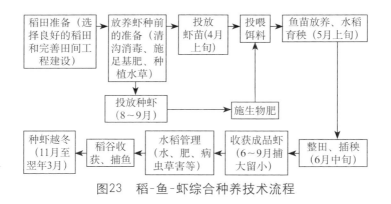

图23　稻-鱼-虾综合种养技术流程

### 1.稻田准备

（1）稻田的选择。选择鱼、虾混养的稻田应是生态环境良好、光照充足、地势平坦、土质肥沃、土壤保水性能力较强的田块，要求水源充足、水质良好，远离污染源，进排水方便，不受洪水淹没。稻田面积少则几十亩，多则几百亩均可，面积宜大不宜小，目的主要在于拓宽鱼、虾的生存空间和便于水稻生产的机械化作业，同时方便日常巡查和管理。

（2）田间工程建设。稻-鱼-虾综合种养模式的田间工程建设包括开挖鱼凼、鱼沟，加宽、加高、加固田埂，完善进排水系统，建立防洪和防逃设施等工程。

开挖鱼沟、鱼凼：离稻田田埂内侧1～1.5米处开挖养殖鱼、虾的环形沟，沟宽1.5～2.0米、深1.2～1.5米。根据田块大小，在环形沟内侧的田块上，开挖宽0.5～0.8米、深0.6～0.8米的田沟，内侧田沟可挖成"十"字形或"井"字形，并与环形沟相通。在田埂边开挖鱼凼，鱼凼形状以圆方形为宜，直径3米左右，深1.5～2.0米，与鱼沟相通。开挖的鱼凼的多少视稻田面积大小的具体情况来定，一般每2～3亩田开挖一个鱼凼。开挖的环形沟、内侧田沟和鱼凼的总面积占稻田总面积的10%左右。

加宽、加高、加固田埂：利用开挖环形沟、田沟和鱼凼挖出的泥土加固、加高、加宽田埂，平整田面，田埂加固时每加一层泥土都要夯实以防渗漏、雨水冲垮。相对于田面，田埂加高至1米左右，田埂顶面宽60～80厘米。

完善进排水系统：进水渠道建在田埂上，排水口建在虾沟的最低处，按照高灌低排格局，保证灌得进、排得出，由PVC（聚氯乙烯）弯管控制水位，能排干田间所有的水。进水口要用20～30目的不锈钢网片过滤进水，以防敌害生物随水流进入。排水口用栅栏和20～30目不锈钢铁丝网围住，栅栏在前，不锈钢丝网在后，防止鱼、虾逃匿或有害生物进入。

防逃设施建设：为防止鱼、虾外逃及水蛇和水老鼠等进入稻田为害鱼、虾。稻田要建立完善的防逃设施。具体方法是，先在田埂上挖深20厘米的沟，沟向稻田倾斜45°～50°，这样尼龙网才更具张力、更牢固。将高度适中的竹竿插在田埂上，深度为25厘米左右，竹竿与竹竿间距1米左右，用尼龙绳将每个竹竿连接。将20目尼龙网底部放在沟底，用土掩埋，轻踩至完全与原地面平行或略高，防逃墙高60厘米左右。用细铁丝将尼龙网与竹竿连接处绑牢。要求尼龙网质量优质、抗老化、抗风寒，这样可以提高尼龙网的使用寿命。

## 2.放养前的准备

（1）清沟消毒。田间工程改造完成后，清理环形沟、田间沟和鱼凼内的浮土，修正垮塌的田埂护坡，检查沟壁牢固情况。一般在放苗前两周，每亩稻田用生石灰50千克左右化水或选用一定量的漂白粉溶液，对环形沟、田沟、鱼凼和田块进行彻底消毒，杀死水体中病菌、寄生虫及其他有害生物等。

（2）施足基肥。放苗前一周，在稻田环形沟中灌水35～50厘米，结合整田过程，每亩施用经过发酵的鸡粪、猪粪等有机农家肥300～500千克，均匀撒施在稻田中。农家肥虽然肥效慢，但有效期长，施用后对鱼、虾有利，一方面农家肥中的有机质可以直接作为鱼、虾的食物，另一方面有机肥可以松动土壤促进水稻和底栖动物的生长，还可以减少后期施用追肥的次数和数量。因此，建议稻田混养鱼、虾可多施农家肥，一次施足，长期见效。

（3）移栽水生植物。"鱼虾多少，可看水草"。水草是鱼、虾栖息、隐蔽、觅食、活动的重要场所，水草也能净化水质，降低水体的肥度，对提高水体透明度、维持水体清新有着重要作用。水草移栽一般可分为两种情况：一种是在秧苗成活后移栽；另一种就是稻谷收获后，人工移栽水草，供翌年鱼、虾使用。水草又可分为两种：一种是伊乐藻、轮叶黑藻、金鱼藻、竹叶眼子菜等沉水性植物；另一种是在水面上移植凤眼蓝、无根萍、紫背浮萍等浮水植物。为了提高透光率和提升水温，须控制水草的面积，一般移栽水草的面积占环形沟面积的40% ~ 60%，以星状分布为宜，不可聚集一片，这样有利于鱼沟的水流畅通及鱼、虾的分散活动和觅食。值得注意的是伊乐藻的生命力强，一旦枝叶露出水面，就会导致整个草株腐烂，水质也会立即变坏。保持伊乐藻一年四季不衰败的绝招是，当草株长到一定长度时，就要用锯齿草刀从根部刈割一次，打捞上岸，用作饲料，这样伊乐藻就会继续生长，永葆不衰败。

### 3.水稻栽培与管理

稻田混养鱼、虾后，稻田的生态条件由原来单一的种植生长群体变成了动植物共生的复合体。因此，水稻栽培与管理技术也应有所改进。

（1）水稻品种选择。一般采用综合种养的稻田，以种植一季稻为宜。不同地区生态环境有所不同，因此各地区一定要选择适应当地栽培条件的水稻品种。选择原则是水稻生长期较长、分蘖力强、茎秆粗壮、上部三叶叶片长、宽且厚，抗病虫害、抗倒伏、耐淹和耐肥性强、米质优、株型适中的高产紧穗及大穗型品种。选择适宜的品种可减少在水稻生长期对稻田施肥和喷洒农药的次数，确保稻田鱼、虾正常生长。

（2）基肥与追肥。稻田综合种养模式中施肥原则一般是：重施基肥，轻施追肥；重施有机肥，轻施化肥。对于初次混养鱼、虾的稻田，尽量一次施足基肥，在整地前7～10天，施用经过发酵的鸡粪、猪粪等有机农家肥300～500千克以及尿素或复合肥10～15千克，均匀撒在田面并用机械或农机具翻耕。混养鱼、虾一年以上的稻田，由于稻田中腐烂的稻草和鱼、虾的粪便为水稻提供了足量的有机肥源，一般不需施肥或少施。为保证水稻正常生长、中期不脱肥、晚期不早衰，日常巡查时要勤观察水稻生长情况，一般根据水稻叶片颜色变化进行判别稻田肥力情况。在发现水稻脱肥时，要及时施用既能促进水稻生长，又不会对鱼、虾产生危害的生物肥料。其施肥方法是：先排浅稻田中的水，让鱼、虾集中到环形沟中再施肥，这样有助于肥料迅速沉淀于底泥中并被稻田土壤和水稻吸收，随即恢复至正常水位；同时，采取少量多次、分片撒肥或根外施肥的方法进行追肥，严禁使用对鱼、虾有害的化肥，如刺激性较强的氨水和碳酸氢铵等。

（3）稻田整理。初次混养鱼、虾的稻田，在施足基肥后，采用旋耕整平机械或犁耙翻动土壤，将基肥和田间杂草翻入土壤中，并将田块整平，尽量达到一次整田后就不需整田的目的。后续整田时，稻田还存有大量的虾和鱼，无论使用机械还是农具均容易对它们造成伤害，为保证它们不受影响，建议采用水稻免耕抛秧技术。所谓水稻免耕抛秧，是指水稻移栽前稻田不经任何翻耕犁耙，以适宜的栽培密度直接抛撒秧苗。如果必须要进行整田，采取先缓慢排干田块积水，让虾和鱼随水位下降进入沟里，然后在沟与田块的衔接处，用稀泥围上一圈宽约30厘米、高约30厘米的田埂，将环形沟和田面分隔开，以利于田面整理，整田时间要尽可能缩短，以免沟中虾和鱼因长时间密度过大、食物匮乏而造成的病害和死亡。

（4）培育壮秧。一般在5月底播种育苗，水稻育秧前使用强氯精、吡虫啉浸泡种子约12小时后将种子捞出洗净沥干后进行催芽，催芽后的种子以每亩1.5～2.5千克的播种量播种在每亩基施10～15千克复合肥的育秧田。在水稻移栽前5～7天，全秧田喷施生物农药进行杀虫杀菌，避免秧苗带病带菌下田。

（5）秧苗移栽。水稻秧苗一般在6月中下旬开始移栽，采取浅水插秧或田块湿润抛秧，宽窄行距交替。无论是采用常规插秧法还是抛秧法，均要发挥宽行稀植和边坡优势，宽行行距30～40厘米，窄行行距20～25厘米，株距15～20厘米，以确保稻田具有良好的通风透气和充足的光照，为鱼、虾的健康生长奠定基础。

对于劳动力相对紧张的地区，可采取"分批育秧、分批移栽、分批收获"的方法，水稻育秧最迟不超过6月中旬，各地区要根据当地实际情况合理育秧，以减少劳力不足所带来的影响。

（6）水位控制。水稻虽为需水性作物，但合理晒田更有利于水稻稳增产。因此，混养鱼、虾稻田水位控制的基本原则是，既要合理晒田，又要不影响鱼、虾的生长，使它们不至于因晒田水位降低而受到伤害。具体方法是，在每年3月，稻田水位一般控制在40厘米左右，这样可以提高稻田水温，有利于鱼、虾尽早结束冬眠和开口摄食；4月中下旬至6月中旬，随着大气温度的上升，稻田水温也快速上升，稻田水位应逐渐提升至60厘米左右，以保证稻田内水温始终稳定在20～30℃；水稻秧苗返青前和收获期间，稻田里的水退到稻田周围的环形沟里，保持田块无水层，且鱼、虾沟均要采取随排随灌2～3次；水稻有效分蘖期采取浅灌，保证水稻的正常生长；水稻进入无效分蘖期，水位可调节到30厘米左右；水稻的抽穗、扬花、灌浆均需大量水，将水位逐渐提升到30～35厘米。水稻收割后直至12月，稻田水位以控制在25厘米左右为宜，这样既能够让稻蔸露出水面10厘米左右，使部分稻蔸腋芽再生嫩芽，又可避免因稻蔸全部淹没在水下而腐烂，导致田水过肥缺氧，影响稻田中饵料生物的生长，12月底至翌年3月为鱼、虾的越冬期，要适当提高水位进行保温，一般水位控制在50～60厘米。

（7）科学晒田。晒田又称烤田、搁田，是水稻栽培中的一项必不可少的技术措施。即通过排干田间灌溉水进而暴晒田块，抑制水稻无效分蘖的产生和基部节间的伸长，促使茎秆粗壮、根系发达，从而促进水稻生长，达到增强抗倒伏能力、提高结实率和粒重的目的。混养鱼、虾稻田的晒田总体要求是轻晒及短期晒。即晒田时，使田块中间不陷脚，田边表面泥土不裂缝发白，田晒好后，应及时恢复原水位。不可久晒，以免导致环形沟内的鱼、虾密度过大，因缺氧导致鱼、虾死亡。

（8）病虫草害防控。鱼和小龙虾对许多农药都很敏感，稻田混养鱼和小龙虾的原则是能不用药时坚决不用，水稻病虫害发生严重时，需要用药时则选用高效低毒的无公害农药或生物药剂。喷施农药时要注意严格把握农药安全使用浓度，确保鱼和小龙虾的安全。稻田病害或鱼、虾发病严重急需用药时，应掌握以下几个原则：①科学诊断，对症下药。②选择高效、低毒、低残留农药。③慎用敌百虫等对小龙虾有害的药物，禁止使用敌杀死等高毒药。④喷洒农药时，一般应提高水位，降低药物浓度，减少药害，有的养殖户是先降低田水至虾沟以下水位时再用药，待8小时后立即灌水至正常水位。⑤粉剂药物应在早晨露水未干时喷施，水剂和乳剂药应在下午喷施。⑥降水速度要缓，等鱼、虾爬进虾沟后再施药。⑦可采取分片分批的用药方法，即先在一半稻田施药，过两天再在另一半稻田施药，同时尽量要避免农药直接落入水中，保证鱼、虾的安全。建议基础条件相对较好的地方每亩稻田可以设置太阳能诱光灯杀虫器2～3个，可为鱼和小龙虾的生长补充丰富的天然动物性饲料，也可减少稻田病虫害的发生。

稻-鱼-虾综合种养模式对稻田杂草具有一定的防控作用，但部分地区还是会发生严重的草害，不利于水稻生长。经过长期摸索和实践证明，稻田综合种养模式杂草控制有一个诀窍，即水稻收割后预留40厘米左右的稻桩，然后提高稻田水位封住田块，直至水稻移栽。水稻移栽时，在沟与田块的衔接处，用稀泥围一圈宽约30厘米、高约30厘米的田埂，将环形沟和田面分隔开，保持田块有薄水，即"秋冬一个湖，春夏一个湖，水稻移栽薄水封，水稻收割稻桩留"。

### 4.放养苗种

（1）放养小龙虾。

放养幼虾：初次放养鱼和小龙虾的稻田，在虾沟整修与前期准备工作完成后向稻田灌水，水深以35～50厘米为宜。此时水体中因食物相对匮乏，需要培肥水质。其具体做法是：结合整田，往稻田中均匀投施腐熟的农家肥或专用饵料，农家肥以每亩投施量300～500千克为宜。肉眼可见稻田水体中出现大量的浮游动物时，表明稻田食物相对充足，已培肥水体，此时是投放幼虾的最佳时机。当年的3月中下旬，一般选择晴天早晨、傍晚或阴天进行，此时水温稳定，有利于小龙虾适应新的环境。在放养前要进行缓苗处理，采用"三浸三出"的放养技术，即由于脱水后的小龙虾虾壳内充满空气，需用少量水浸泡2分钟再脱水1分钟，如此重复3次可将虾壳中空气排出，提高小龙虾成活率，此方法一般限于脱水1～2小时的小龙虾。同时，要用3%～5%食盐水溶液浸泡5～10分钟，防止小龙虾带病菌入田。往稻田环形沟中投放离开母体、体长为3～4厘米的幼虾1.2万～1.5万尾，放养的幼虾要尽可能整齐，并一次性放足。预测幼虾的成活率简单方法：事先在稻田的环形沟底部铺设若干块面积为1米²左右的小网目网片，网片上移入水草团，水草上投放适量的饲料，1～2天后移开水草，轻轻取出铺垫的网片，可以初步预测幼虾的成活率。

　　放养种虾：水稻收割前一个月左右，一般在当年的8月下旬至9月上旬，将经过挑选的个体规格在30克/只以上的亲虾投放在稻田的环形沟里，每亩投放密度为20～30千克，雌雄比例为（2～3）：1。此时稻田中的有机碎屑、浮游动物、水生昆虫、周丛生物和水草等食物丰富，放养后的亲虾一般不用投喂。此种模式对亲虾质量要求较高。选择亲虾的标准：①颜色暗红色或黑红色，有光泽，体表光滑无附着物。②个体大，雌雄个体重均在30克以上，雄性个体大于雌性个体。③附肢齐全、无损伤、体格健壮、活动力强。④亲虾捕捞及运输离水时间短，长时间脱水成活率低。采用小龙虾自留种的稻田，在捕捞成虾的后期要"捕小留大，捕雄留雌"，同时每亩补充5 ～ 10千克的亲虾。

（2）放养鱼苗。鱼苗的放养一般在水稻移栽秧苗返青后，或为了增加鱼苗生长期，在5月中下旬便将鱼苗放入鱼凼、鱼沟中饲养，待秧苗返青后再打通沟、凼放鱼入田。选择体质健壮、活动力强、无病无伤、规格整齐的鱼苗放养，一般每亩可放体长为5 ～ 6厘米的主养夏花鱼种300尾左右，并可搭配其他辅助性鱼类100尾左右。

### 5.饵料投喂

稻田混养的鱼、虾食性类似，饵料投喂不必进行分开投喂。水稻收割后将稻草直接还田，提高稻田水位，将大部分稻草浸泡在水下。整个秋冬季，注重培肥水质，方法是一般每个月施一次腐熟的农家粪肥，直到天然饵料丰富时即可少施或不施。鱼、虾进入越冬期，不必投喂。翌年3月，大气温度和水温持续升高，鱼、虾开口摄食，这时要抓紧时机，加强投草、投饵、投肥，培养丰富的饵料生物。在4月中旬水温升高到20℃以上时，鱼、虾进入快速生长期，应加大投食量，每日早晨和傍晚应适当投喂两次人工饵料，可用的饵料有饼粕、谷粉，砸碎的螺、蚌及动物屠宰场的下脚料等，投喂量以稻田存虾总重量的3% ～ 5%为宜。对于养殖规模较大，在条件允许的情况下，可适当投喂人工配合饲料。投喂应注意阴雨、闷热等恶劣天气或投喂食物过剩时应减少或停止投喂；当天投喂的饵料在2 ～ 3小时内被吃完，说明投饵量不足，应适当增加投饵量。投喂时间一般为9:00左右和18:00左右。

6.日常管理

（1）水位调节、科学施肥、晒田和病虫草害控制。详见"水稻栽培与管理"部分，另外可参考"稻-小龙虾生产矛盾关键问题的解决"部分。

（2）预防敌害和病害。在稻田综合养殖模式下，虽建设了完善的防敌害设施，但稻田仍可见一些敌害生物，常见的敌害一般为水蛇、水蜈蚣、水老鼠、青蛙、蟾蜍、鸟等。对于水蛇、水蜈蚣、水老鼠等敌害，应及时采取有效措施进行诱灭，尤其是平时做好灭鼠工作；对于青蛙、蟾蜍、鸟等敌害，一般采取驱逐方法，禁止捕杀国家保护的鸟类，同时在春夏季需经常清除田内蛙卵、蝌蚪等。在放养幼虾初期，田间水面空间较大，此时虾体也较小，活动能力较弱，逃避敌害的能力较差，容易被敌害侵袭。同时，小龙虾每隔一段时间即蜕壳生长，在蜕壳或刚蜕壳时，最容易成为敌害的饵料。到了收获时期，由于田水排浅，虾有可能到处爬行，也容易被鸟、兽捕食。对此，要加强田间管理，并及时驱捕敌害，有条件的可在田边设置一些彩条、光盘、稻草人或驱鸟器，恐吓、驱赶水鸟。另外，当鱼、虾放养后，还要禁止鸭下田。

在整个养殖过程中，鱼、虾病害的防治，始终坚持"预防为主、治疗为辅"的原则。在放苗前，稻田要进行严格的消毒处理，放养鱼、虾时用3% ～ 5%

食盐水溶液浸泡5～10分钟，严防将病原体带入田内，采用生态防治方法，严格落实"以防为主，防重于治"的原则。一般每隔15天用生石灰10～15千克/亩对水成石灰乳后全沟泼洒，不但起到防病治病的目的，还有利于小龙虾的蜕壳。在夏季高温季节，每隔15天，在饵料中添加多维素、钙片等药物以增强鱼、虾的免疫力，同时观察水草的生长和水质的变化，一旦发现有异，要清除出现问题的水草、动物尸体等，并及时注入新水。

（3）早晚巡田。每天早、晚坚持巡田，观察沟内水色变化，鱼、虾的活动、吃食、生长，以及防护设施是否牢固、破损等情况。田间管理的工作主要集中在投喂饵料、水位调控、水稻晒田、施肥、防逃、防敌害等工作。

### 7.收获与效益

（1）稻谷收获和稻桩处理。水稻成熟时，一般采用机械收割，以稻桩预留高度40厘米左右为宜，然后将水位提高至15～25厘米，并适当施肥，促进稻桩返青，为鱼、虾提供遮阴场所及天然饵料来源。这样做的好处是，既利于稻桩的返青和腋芽的萌发，又利于稻桩和稻草的腐烂，可以提高培育天然饵料的效果，但要注意水质不能长期处于过肥状态，可适当通过换水来调节。

（2）捕捞鱼、虾。①收获小龙虾。小龙虾的生长速度较快，经过1～2个月的稻田饲养，小龙虾规格达30克/只以上时即可捕捞上市。对达到售卖规格的虾要及时捕捞，以增加鱼、虾生长空间和稻田食物高效分配，有利于加速其他鱼、虾生长，获得更高的经济效益。捕捞时采取捕大留小的措施，捕捞时间以夜间昏暗时为宜。小龙虾的捕捞多用地笼张捕，每只地笼长10～20米，地笼的两头为圆形，中间部位分成15～30个长方形的格子，每只格子连接的地方两面带倒刺，笼子上方织有遮挡网，地笼以有结网为好。下午或傍晚把地笼网放入田边浅水且有水草的地方，可投放适量诱饵如腥味较浓的动物下脚料等，提高小龙虾的捕捞量。翌日早晨起出地笼网倒出小龙虾，并进行分级处理，大的按级别出售，小的及时放回稻田继续饲养，一般可以持续上市到10月底。捕捞后期，如果每次的捕捞量非常少，可停止捕捞。为了提高捕捞效果，每个地笼在连续张捕5天后，就要取出放在太阳下暴晒一两天，然后换个地方重新下笼，这样效果更好。②鱼的捕捞。一般稻田里鱼的捕捞采用渔具接捕。捕获前，应先疏通鱼沟，在前一天晚上开始慢慢放水，鱼随水自然地集中于鱼凼，天亮后，再用竹竿将未游进鱼凼的部分鱼轻轻赶进鱼凼，在鱼凼的出口处开口放鱼，用渔具将鱼接住，这种办法能减少对鱼的损伤。

（3）效益分析。当年底每亩可以收获规格为30克/只以上的成虾120千克以上，售价30～40元/千克；规格为300～500克/条以上的鱼60千克，售价20～30元/千克；优质稻谷500千克左右，售价6元/千克。扣除各种成本，每亩可获利润3 000～6 000元。

# （二）稻-鳖-虾综合种养技术

稻-鳖-虾综合种养是在稻-鳖种养和稻-虾种养基础上拓展的综合养殖。与稻-鳖种养和稻-虾种养所不同的是，鳖和虾具有捕食与被捕食关系，并且两者的市场价值也有所不同，此种模式一般以鳖为养殖的主体，小龙虾是鳖的辅助食物和副产品。稻-鳖-虾综合种养技术流程见图24。

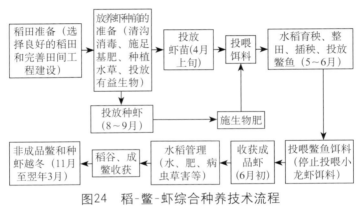

图24　稻-鳖-虾综合种养技术流程

## 1.稻田准备

（1）稻田的选择。选择鳖、虾混养的稻田应是生态环境良好、光照充足、地势平坦、土质肥沃、土壤保水性能力较强的田块，要求水源充足、水质良好，远离污染源，进排水方便，不受洪水淹没。稻田面积以10～15亩为一个养殖单位为宜。

（2）田间工程建设。稻-鳖-虾综合种养模式的田间工程建设包括开挖环形沟，加宽、加高、加固田埂，完善进排水系统和防逃设施设置等。

开挖养殖沟：离稻田田埂内侧1.5米左右开挖供鳖和小龙虾活动、觅食、避暑和避旱的环形沟，沟宽1.5～2.5米、深0.6～0.8米，环形沟面积占稻田总面积的10%左右。利用开挖环形沟的泥土加宽、加高、加固田埂。田埂加高、加宽时，将泥土打紧夯实，确保堤埂能够长期经受雨水冲刷，同时不裂、不跨、不漏水，以增强田埂的保水和防逃能力。改造后的田埂要高出田块0.5米以上，埂面宽1.2～1.5米。

完善进排水系统：混养鳖、虾的稻田应建有完善的进排水系统，以保证稻田"旱能灌，雨不涝"。进排水系统的建设应根据开挖环形沟综合考虑，一般进水口和排水口设置成对角，进水口建在田埂上，排水口建在沟渠最低处，由PVC弯管控制水位，能排干田间所有的水。与此同时，进排水口设有20～30目不锈钢筋栅栏，以防止鳖、虾的逃逸。

设置防逃设施：鳖的防逃设施材料建议以石棉瓦、石柱和细铁管或钢管等组成，虽然成本相对较高，但其使用年限较长，便于后期的管理。其设置方法为：首先将石棉瓦埋入田埂泥土中20～30厘米，露出地面90～100厘米，然后将石柱紧靠石棉瓦内侧埋入田埂泥土中25～35厘米，露出地面的高度与石棉瓦相当，每隔70～100厘米放置一根石柱，最后用直径为5厘米左右的空心铁管沿石棉瓦内外两侧将其与石柱固定。稻田四角转弯处的防逃墙做成弧形，以防止鳖沿夹角攀爬外逃。

晒台、饵料台设置：鳖生长过程中需要经常晒背，晒背是其一种特殊的生理要求，晒背既可提高鳖体温进而促进生长，又可利用太阳紫外线杀灭体表病原，提高鳖的抗病力和成活率。一般晒台和饵料台可合二为一，具体做法是在田间沟中每隔10米左右设一个饵料台，台宽0.5～0.7米、长1.5～2米，饵料台长边搭在田埂上，另一端没入水中10厘米左右（图25）。饵料投在露出水面的饵料台上。

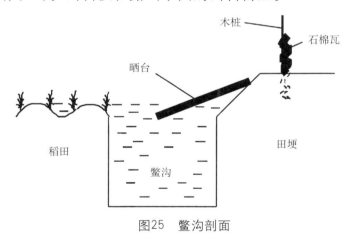

图25　鳖沟剖面

## 2.放养前的准备

（1）环形沟消毒。环形沟挖成后，在苗种投放前10～15天，一般每亩用生石灰70千克对水成石灰乳泼洒全田进行消毒，以杀灭沟内敌害生物和致病菌等，预防鳖、虾疾病发生。

（2）施足基肥。首次开展稻-鳖-虾综合种养模式的农田在整田时，根据农田土壤肥力的实际情况施用基肥，一般每亩施腐熟的农家肥400千克左右。

（3）移栽水生植物。田间沟消毒5～7天后，在沟内移栽轮叶黑藻、空心莲子草等水生植物，栽植面积占田沟面积的20%～30%，移栽的水生植物为小龙虾提供饵料以及为鳖、虾提供遮阴和躲避的场所，也能起到净化水质的作用。

（4）投放有益生物。一般为促进鳖、虾的生长，可向稻田投放一定量的螺蛳。每年4月初，向环形沟内投放经过初步筛选的螺蛳，每亩投放量为100～200千克，能净化水质，同时为小龙虾和鳖提供天然饵料。

### 3.水稻栽培与管理

水稻栽培采用宽窄行种植方法，即宽行行距35厘米，窄行行距25厘米，株距15～20厘米。水稻的管理和稻-鱼-虾综合种养模式基本相同，同时还可参考"稻-小龙虾生产矛盾关键问题的解决"。

### 4.放养苗种

（1）放养虾种。虾种的投放规格、方法基本与稻-虾共作模式相同，但投放密度有所不同。一般在3～4月，每亩投放体长为3～5厘米或200～400只/千克的虾种60～70千克。一方面虾种可以作为鳖的鲜活饵料；另一方面，在饵料充足的情况下，经过2个月左右的人工饲养，虾种即可养成规格为30～40

克/只的成虾进入市场销售，效益可观。或在8～9月，每亩投放种虾20～30千克，种虾经过3个月左右的饲养，即可自由摄食与生活，或进入冬眠期，翌年3～4月，稻田水温升至20℃左右时，稻田中水生浮游动物和植物开始迅速繁殖，虾种也从越冬洞穴中出来觅食，稻田中的虾种得到补充，此种投放方式最为简单易行、经济实惠。

（2）放养鳖种。稻田养鳖对鳖品种的要求较高，品种的优劣决定了其商品价值。应选择纯正的中华鳖，该品种的优点是生长快、抗病能力强、适应性强、品质好、经济价值较高，投放的中华鳖要求规格整齐、体健无伤、不带病原。放养前要经过消毒处理，防止鳖携带病菌入田。鳖种来源不同其投放时间也不同，一般土池培育的鳖种应在5月中下旬的晴天进行投放，温室培育的幼鳖应在6月中下旬进行投放，此时稻田的水温基本可以稳定在25℃左右，对鳖的生长和提高成活率十分有利。鳖的放养密度由其规格来决定的，一般可分为两类：①小规格放养密度：幼鳖规格为100～150克/只，放养密度为250～300只/亩。②大规格放养密度：幼鳖规格为250～500克/只，放养密度为120～150只/亩。

鳖有自相残杀的习性，因此鳖种必须雌雄分开养殖，尤其是在食物不足的情况下，这样可最大程度避免鳖种之间的自相残杀、撕咬打斗，以提高鳖种的成活率。由于雄鳖比雌鳖生长速度快且售价更高，有条件的地方建议全部投放雄幼鳖。

### 5.饵料投喂

饵料投喂分为两个阶段，第一阶段是小龙虾饵料投喂；第二阶段是鳖下田后，开始投喂鳖的饵料，小龙虾饵料投喂停止。

（1）小龙虾饵料投喂。虾苗投放稻田后，即开始对小龙虾进行投食喂养。小龙虾摄食种类较多，属典型的杂食性动物，喜食的植物性饵料有麸皮、南瓜和玉米粉等，喜食的动物性饵料有蚯蚓、小杂鱼等。一般小龙虾的投喂可按30%～40%的动物性饲料、60%～70%的植物性饲料进行配制。随着小龙虾体重增加和生长速度加快，日投喂量也要逐渐增加，日投喂量以稻田存虾总重量的5%～10%为宜。日投喂两次，时间分别为8：00左右和18：00左右，且下午投喂量占日投喂量的60%～70%。

（2）鳖饵料投喂。鳖虽为杂食性动物，但以肉食为主，为了促进鳖的生长和提高鳖的品质，以投喂动物性饵料为主，植物性饵料为辅，所投喂的饵料以低价的加工厂、屠宰场下脚料为主，如动物内脏、鲜活小鱼等，植物性饵料主要为南瓜、麸类和饼粕类等。温室鳖种要进行10～15天的饵料驯食，驯食完成后不再投喂人工配合饲料。鳖种放入稻田后开始投喂饵料，日投喂量以鳖总重量的5%～10%为宜，每天的8：00左右和18：00左右将饲料切碎或搅碎后进行投喂，一般90分钟左右吃完饵料，具体的投喂量视天气、水温、活饵料（螺蛳、小龙虾）和饵料剩余等情况而定。当水温降至18℃以下时，可以停止投喂饵料。

6.日常管理

（1）水位调控。为保证鳖、虾的正常生长，应合理调控稻田水位。具体做法是，每年3月应适当降低水位，沟内水位控制在20～30厘米，以利于水温的提升，让鳖、虾尽早结束冬眠而开口摄食。进入4月中旬以后，水温稳定在20℃以上时，应将水位逐渐提高至35厘米左右，使沟内的水温始终稳定在20～30℃，这样有利于鳖和小龙虾生长，还可以避免小龙虾提前硬壳老化。水稻、中华鳖和小龙虾共生期间，适当逐步降低水位，一般保持在15～20厘米，水稻生长中后期可将水位保持在20厘米以上，高温季节，在不影响水稻生长的情况下，适当提高稻田水位。中华鳖和小龙虾越冬前的10～12月，稻田水位应控制在25厘米左右，这样可使稻莵露出水面10厘米左右，可使部分水稻腋芽再生，又可避免因稻莵全部淹没水下，导致稻田水质过肥缺氧，而影响鳖、小龙虾的生长。12月至翌年2月，鳖、小龙虾在越冬期间，可适当提高稻田水位，水位应控制在25～40厘米。

（2）科学晒田。晒田的原则是轻晒或短期晒。即晒田时，使稻田泥土不陷脚，田边表面泥土不裂缝和发白，以水稻浮根泛白为宜。尽可能不要晒得太久，以免导致环形沟内鳖和小龙虾长时间密度过大而产生不利影响。田晒好后，应及时恢复至原水位。

（3）田块巡查和水质调控。每天巡田时，要检查鳖和小龙虾的吃食情况，观察水质和水位变化，检查防逃设施是否完好等。每隔15天用生石灰50克/米$^3$进行鳖沟消毒。定期加注新水，每次换水量以总水量的1/5为宜，每次注水前后水的温差不超过4℃，以避免鳖出现应激反应而导致病害发生。

（4）病害防治。稻田混养鳖、虾，其中小龙虾的适应能力强，重点要做好鳖病的预防。鳖的主要病害为白斑病和甲壳穿孔病，发现鳖患病后，使用溴氯海因粉（水产用）进行防治。预防鳖病时，1亩稻田使用100克溴氯海因，每隔15天使用1次；治疗鳖病时，1亩稻田使用200克溴氯海因粉，连用2天。当鳖出现其他疾病时，要及时进行确诊，以便对症下药。

### 7.收获与效益

（1）成鳖捕捞。一般鳖个体规格达到1～1.5千克时，即可将鳖捕捞上市销售。传统捕捉鳖多采用排干田间水，等到夜间鳖会自动从淤泥中爬出来，鳖遇灯光照射会静止不动，这时是徒手捕捉的好机会，但此种方法人容易遭到鳖的攻击而受伤，并且影响鳖、虾的正常生长。最好的捕捉办法是用地笼网捕捉，地笼网总长以15～20米为宜，中间部位被矩形骨架支撑形成内部贯通的长方体，长方体两侧设有多个入口，地笼网的两端束紧形成锥体，最好在锥体两端覆盖一层尼龙网，且尼龙网的网孔小于地笼网的网孔，以提高地笼网使用的年限。将地笼网放进稻田鳖沟中，拉直地笼网，保证地笼网入口沉入水中，且地笼网上部高出水面3～7厘米，将地笼网两端固定牢固。

（2）成虾捕捞。3～4月放养的种虾，在5月下旬至7月中旬，一部分小龙虾就能够达到商品规格，即可捕捞上市出售，未达到规格的继续留在稻田内养殖。小龙虾捕捞的方法采用虾笼网、地笼网起捕效果较好，但要求鳖无法进入捕捉虾的地笼网。

（3）效益分析。以湖南省浏阳市孔蒲中家庭农场开展稻-鳖-虾综合种养为例（表2），其生产成本来源于稻种、饲养苗（鳖苗、虾苗和田螺）、肥料、药品（鳖、虾治病药剂、生物农药等）、饲料（动物内脏、福寿螺和糠饼等）、田间改造（鳖沟开挖、防护措施搭建等）、劳动力（插秧）、机械、土地流转等方面的开支，共投入9 605元，收益来源于稻米、饲养产品（成鳖、小龙虾）、附加产品（田螺和丝瓜等），总收入13 800元/亩，最终实现收益4 195元/亩。

表2　稻-鳖-虾综合种养的投入与产出

单位：元/亩

| | 投入 | | | | | | | | | 产出 | | | | 利润 |
|---|---|---|---|---|---|---|---|---|---|---|---|---|---|---|
| 种子 | 饲养苗 | 肥料 | 药品 | 饲料 | 田间改造 | 劳动力 | 机械 | 土地流转 | 合计 | 水稻 | 饲养产品 | 附加产品 | 合计 | |
| 40 | 3 585 | 100 | 30 | 1 000 | 3 000 | 1 200 | 150 | 500 | 9 605 | 4 000 | 8 700 | 1 100 | 13 800 | 4 195 |

# （三）稻-虾-鳝综合种养技术

稻-虾-鳝综合种养模式，是巧妙合理地利用稻田网箱养殖黄鳝和田沟养殖小龙虾的高产高效种养模式。稻田网箱养殖黄鳝有4～5个月的水体利用期，其他时间的养殖水体都是闲置的。此外，由于是网箱养殖黄鳝，网箱面积只占养殖水体的30%左右，且都在深水区，造成很大的资源浪费，如果采取空间分隔技术开展小龙虾养殖，则可达到很好的经济效益、社会效益和生态效益。同时，投喂黄鳝的动物性饲料，不可避免地会有食物剩余，在夏天高温水体中，易腐败变质，污染水体，导致水体浮游生物过度繁殖，诱发黄鳝病害发生。而稻田放养的小龙虾喜欢摄食腐烂性动物和浮游生物，可消除外溢或剩余食物。实践证明，稻-虾-鳝种养模式有以下几方面的优点：一是充分利用稻田资源，大幅度增加了稻田的单位效益；二是有效改善养殖的水质条件，大大降低了虾、鳝疾病的发生概率，提高了虾、鳝养殖产量和效益；三是充分利用饵料资源，有效减少了换水、调水次数，降低了养殖成本。稻-虾-鳝综合种养技术流程见图26。

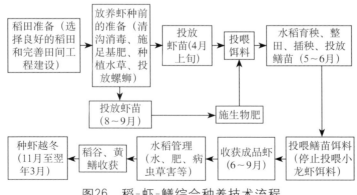

图26　稻-虾-鳝综合种养技术流程

## 1.稻田准备

（1）稻田的选择。对混养虾、鳝的稻田要求较高，要求选择水质良好、水量充足、远离污染源、土壤保水能力较强、排灌方便、不受洪水淹没的成片田块种养稻、虾、鳝，稻田面积以50～100亩为宜。

（2）田间工程建设。①开挖环形沟。沿稻田田埂内侧1.5米处开挖供小龙虾活动、觅食、栖息及供黄鳝养殖网箱放置的环形沟，环形沟面积占稻田总面积的10％左右，沟宽2.5～4.0米、深2.0～2.5米。利用开挖环形沟的泥土加宽、加高、加固田埂，田埂加高、加宽时，每加一层泥土都要进行夯实，以防雨水冲垮田埂，确保堤埂不开裂、不漏水，以增强田埂的保水性能和防逃能力。改造后的田埂应高出稻田平面0.6米以上，埂面宽大于1.5米，堤埂坡度比为（1～1.5）∶2。②完善进排水系统。结合开挖环形沟综合考虑进排水系统的建设，进水口和排水口成对角设置，进水口建在田埂上，排水口建在沟渠最低处，由PVC弯管控制水位，能排干田间所有的水。与此同时，进排水口用20目不锈钢铁丝网围住，以防小龙虾逃逸。③设置防逃设施。混养虾、鳝的防逃设施建议所用材料为石棉瓦和木桩。其设置方法为：首先将石棉瓦埋入田埂泥土中20厘米左右，露出地面40厘米左右，然后将木桩紧靠石棉瓦的内侧埋入田埂泥土中25～35厘米，露出地面的高度与石棉瓦相当，每隔70～100厘米放置一根木桩，稻田四角转弯处的防逃墙做成弧形，以防止小龙虾沿夹角攀爬外逃。

2.放养前的准备

（1）清沟消毒。初次混养虾、鳝的稻田，田间工程改造完成后，清理环形沟内的浮土，筑牢田埂沟壁。放养小龙虾的前两周，在稻田环形沟中注水至水深20～40厘米，每亩稻田用生石灰溶液50千克左右泼洒全田，或选用漂白粉溶液消毒，方法与稻-虾共作种养模式下的消毒方法相同，以杀灭野杂鱼类、敌害生物和致病菌等。每年10～12月待黄鳝收获销售结束后，将稻田水位退到环形沟中，保持田块无水层，用只杀鱼不杀虾的药物（如鱼藤精等）再次对环形沟进行消毒，清除小杂鱼，提高虾苗的成活率。然后再将水恢复至原来水位，让剩余小龙虾自然越冬。

（2）施足基肥。放养小龙虾前7～10天，一般结合整田过程，每亩稻田均匀施入腐熟农家有机粪肥300～500千克。虽然农家肥肥效慢，但肥效持续时间长，施用后对小龙虾和黄鳝生长无影响，还可以减少后期水稻追肥的次数和数量。因此，最好基施农家有机粪肥，一次施足，长期有效。

（3）移栽水生植物。在稻田环形沟底层种植沉水植物，如伊乐藻、轮叶黑藻、眼子菜、菹草、水芹等，同时搭配一定的浮水植物，如空心莲子草等，水草可为小龙虾营造良好的栖息环境，并为小龙虾提供食物来源，还可以改良水质。但要控制好水草的面积，一般水草移栽面积占环形沟面积的30%左右，以零星分布为好，不可聚集在一起，这样有利于环形沟内水流畅通。

（4）投放螺蛳。每亩投放50～100千克螺蛳，使其在稻田中自然繁殖，既为小龙虾持续提供优质的天然饵料，又可净化水质。

### 3.水稻栽培与管理

稻-虾-鳝综合种养的水稻栽培与管理和稻-鱼-虾综合种养模式基本相同。

### 4.放养苗种

（1）放养小龙虾。初次混养虾、鳝的稻田，一般在4月上旬每亩稻田投放体长3～5厘米的虾苗8 000～10 000尾。每年8～9月，每亩稻田投放30克/只以上的优质亲虾20千克左右，以亲虾自然繁殖的虾苗作为翌年的虾种。以稻田食物和投喂饵料相结合的方式提高小龙虾的产量。

（2）放养黄鳝。①网箱设置。5月下旬至6月初，在稻田环形沟中设置小型网箱。网箱规格为2米×2米，箱高1.5米左右，用聚乙烯无结节网片做成。每亩放置网箱20个左右，网箱分排设置，使用边长为25厘米的水泥柱和直径为0.5厘米的铁丝将网箱固定在环形沟中部。箱体之间的间隔为1～2米，水下部分为0.7米，水上部分为0.5米。一般使用4米²的网箱，既可提高单位面积的产量，又便于管理，降低生产成本，操作简单、方便，一人就可完成清箱、洗箱、投喂等日常操作。网箱养殖黄鳝的日常管理需要一艘木船，如果没有木船，最好用规格为2.0米×1.2米×0.2米的泡沫浮体代替，表面用乙烯网布包裹，可载重400千克以上，经济适用。②网箱消毒和水草移植。首次制作的网箱，需将网箱放入水中浸泡15天左右，使网箱的毒性消散，同时水体中微生物会在网箱表面形成一层生物膜，可避免鳝种擦伤。为了提高鳝种的成活率，网箱的养殖环境要尽可能模拟黄鳝自然栖息环境，因此网箱内要种植水草，如空心莲子草、凤眼莲等，覆盖面占网箱面积的60%左右，旨在净化水质并为黄鳝提供隐蔽栖息场所。鳝种放养前3～5天，对网箱、箱内水草及水体用石灰水消毒。③鳝种投放。要求鳝种体质健壮、规格整齐、体表光滑、无病无伤，运输距离较短，一般来源于人工繁育或地笼网捕捉的黄鳝，其中深黄大斑鳝生长速度快，是最理想的投放品种。放养时间一般选择6月中下旬，此时气温和水温均较为稳定，尤其是鳝种投放时，要选择投放前后3天均是晴好天气，减少鳝种因环境改变出现的应激反应，提高鳝种成活率（成活率可达80%以上）。如果在阴雨天气投放鳝种，鳝种成活率将降至50%以下，所以天气是投放鳝种是否成功的关键。鳝种投放规格以10～20克/尾为宜，密度20～30尾/米²。切不可盲目为了追求利益，投放规格较大的鳝种，否则成活率将会进一步降低。

鳝种运输过程中，每50千克黄鳝要用100克维鳝命（电解多维）溶于水后浸泡，长途运输应尽量减少换水次数，水质未出现恶化时最好不换水，这样做可提高鳝种成活率。入箱前，选择活泼健壮的个体，再用0.2%～0.5%维鳝命浸泡10～20分钟后入箱。苗种入箱后停食5～7天，停食期间第一天用维鳝命泼箱，第二天全沟泼洒二氧化氯＋百血停（苯扎溴铵），可显著提高鳝种成活率，同时避免稻田水温变化过大（±2℃）。要尽量避免使用刺激性较强的食盐、聚维酮碘给鳝种消毒，以减少死亡，提高鳝种成活率。

5.饵料投喂

饵料投喂分为两个阶段，第一阶段为黄鳝入箱前，投喂小龙虾饵料，第二阶段是黄鳝入箱后，开始投喂黄鳝的饵料，视具体情况决定是否投喂小龙虾饵料。

（1）小龙虾饵料投喂。虾苗投放稻田后，即开始对小龙虾进行投食喂养。小龙虾摄食种类较多，属典型的杂食性动物，喜食的植物性饵料有麸皮、南瓜和玉米粉等，喜食的动物性饲料有蚯蚓、小杂鱼、屠宰场动物下脚料等。一般小龙虾的投喂可按30%～40%的动物性饲料、60%～70%的植物性饲料进行配制。随着小龙虾体重增加和生长速度加快，日投喂量也要逐渐增加，以稻田存虾总重量的5%～10%为宜。日投喂两次，分别在9:00左右和18:00左右，且下午投喂量占日投喂量的60%～70%。

（2）黄鳝饵料投喂。鳝种下箱5～7天后，用蚯蚓或水蚯蚓作为开口饲料能使鳝种较早开口摄食，再以小杂鱼及螺、蚬、蚌肉等为主进行驯食3～5天，驯食成功后才能进行常规投喂。黄鳝的饲料以动物性饲料为主、植物性饲料为辅。常用的饲料有：①鲜活小杂鱼。直接投喂，投喂前注意清洗干净，不需要驯食。②新鲜死鱼或冰冻鱼。绞成鱼浆进行投喂。大规格的鱼，在投喂前要用沸水煮一下，杀灭其中的致病微生物。③投喂其他饲料，如投喂蚯蚓、河蚌、动物的下脚料、麦麸、浮萍及配合饲料。日投喂量一般为黄鳝总重量的2%～8%，具体应根据天气、水温、水质、黄鳝的活动情况灵活掌握，一般以投喂2小时以内吃完为好。投喂时间一般在每天日落前1小时左右进行。10月后水温渐低，黄鳝日投饵量应逐渐减少。

### 6.田间管理

（1）晒田。稻谷晒田宜轻晒，不能完全将田水排干，水位降低到田面露出即可，而且晒时间不宜过长，如发现小龙虾和黄鳝有异常反应时，要立即注入新水，提高水位。

（2）追肥。稻田整地时，应施足基肥。后期由于小龙虾和黄鳝排泄的粪便，也可为水稻的生长提供营养物质，一般不需追肥。但当水稻出现脱肥时，就要及时追肥，可施用生物复合肥或已腐熟的有机肥，追施的肥料要对小龙虾和黄鳝无害。追肥时最好先排浅田水，让虾集中到环形沟中，便于追施的肥料迅速沉积于底层田泥中，并被田泥和水稻吸收，随即恢复至正常水位。

（3）水质调控。水质好坏直接影响小龙虾和黄鳝的摄食、生长及疾病的发生。7～8月是黄鳝摄食生长的最佳时间，随着气温上升、投喂量增加、排泄物增多，特别是养殖水体中藻类的繁殖旺盛，水质极易恶化。因此，每天都要观察水体颜色变化及闻水体气味，并依据水温、天气、饲料、摄食状况，定期注入新水或交换新水。一次换水量一般为整个养殖水体总量的1/3，水源条件好的养殖场，一般2～3天换一次水，在远离养殖网箱的地方加注新水，以免大量交换水体，使黄鳝产生应激反应，影响生长。每15～20天施一次芽孢杆菌或EM菌净水剂等降低水中氨氮，改善水质，增加水体有益微生物的产量，间接为小龙虾增加饵料生物。

（4）水稻病虫害防治。小龙虾和黄鳝对许多农药都很敏感，稻田混养虾、鳝的原则是能不用药时坚决不用，需要用药时则选用高效低毒的无公害农药和生物制剂。施农药时要注意严格把握农药安全使用浓度，确保小龙虾和黄鳝的安全。最好的做法是施药前将稻田水深增加至20厘米左右，喷药后即换水。同时，也可以采取分片用药或交替轮换用药，一般将稻田分成2～3个片区，对其中一个片区用药后，隔2～3天对另一个片区再进行用药。应避免使用含菊酯类和有机磷类的杀虫剂，避免对小龙虾和黄鳝带来不利影响。喷雾药剂宜在晴天下午进行，因为稻叶下午干燥，大部分药液吸附在水稻上。

（5）巡田、防逃和病害防治。每天巡田时检查防护设施是否牢固，防逃设施是否损坏，观察水体颜色变化和虾、鳝吃食情况，还要检查田埂是否有洞，防止漏水和逃虾。同时，定期捞取网箱内过多的空心莲子草，防止空心莲子草长出箱体，黄鳝在雨天出现逃逸现象。注意稻田水位变化，特别是在夏季下暴雨或高温干旱时，应及时调控网箱位置。汛期时应做好防洪工作，防止洪水漫田时小龙虾逃逸。稻田混养虾、鳝，其敌害主要有水蛇、水老鼠和一些水鸟等，用捕杀水蛇和水老鼠的设备对其进行诱杀，在田边设置一些彩条、光盘、稻草人或驱鸟器，恐吓、驱赶水鸟。

稻田混养虾、鳝，其中小龙虾的适应能力强，应重点要做好鳝病的预防。预防鳝病的措施是，待黄鳝正常摄食后，用100克复方阿苯达唑拌30千克黄鳝饲料投喂一次，可彻底杀灭寄生虫，以后每隔半个月每50千克鳝鱼用维鳝命100克＋利胃散（原料组成：多种饲料及维生素、葡萄糖等）100克+2.5%诺氟沙星100克拌25千克饲料投喂3～5天。7～9月的高温季节，水温超过30℃以上时注意调节水温，减少投饵量或停止投喂。当黄鳝出现疾病时，要及时进行确诊，以便对症下药。

### 7.收获与效益

10～11月，黄鳝规格一般可达150～200克/条以上，这时即可以捕捞上市。可直接收取网箱捕捉黄鳝，黄鳝捕捉完毕后，清洗网箱，并晒5天左右，然后保藏好，待翌年重复使用。小龙虾的捕捉与稻-虾共作模式相同。

当年年底每亩可以收获规格为25克/只以上的成虾100千克以上，售价30～40元/千克；黄鳝规格为150～200克/条以上，售价60～70元/千克；优质稻谷500千克左右，售价6元/千克。扣除各种成本，每亩可获利润5 000～8 000元。

## （四）稻-虾-鳅综合种养技术

稻-虾-鳅综合种养模式是利用稻田良好的土壤环境和浅水环境以及丰富的饵料来源，采用现代技术手段人工改造稻田，既种植水稻又混合养殖虾、鳅，以充分利用土地资源和灌溉水资源，增加稻田单位面积产品产出，以实现农民增收的一种立体综合种养生产方式。通过混养的虾、鳅能够有效防控稻田病虫草害，减少稻田的农药用量，同时虾、鳅排泄的粪便又能够为水稻提供优质的有机肥料，改善因长期使用化肥而越来越板结的土壤，逐步改善稻田生态系统，以提高稻田的综合生产能力，实现"一地两用、一水双收"，是水稻种植和水产养殖结合后农业生态系统重建的典范模式。稻-虾-鳅综合种养技术流程见图27。

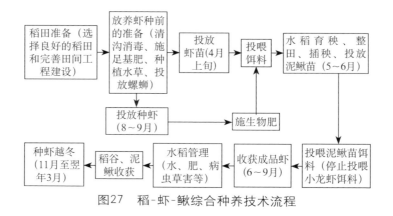

图27　稻-虾-鳅综合种养技术流程

## 1.稻田准备

（1）稻田的选择。选择土质柔软、腐殖质丰富、水源充足、排灌方便、水质清新无污染、水体pH呈中性或弱酸性黏性土的田块。面积可大可小，有条件的地方可以集中连片，以便于管理。

（2）田间工程改造。①开挖养殖沟。沿稻田田埂内侧1.5米处开挖供小龙虾和泥鳅活动、觅食和栖息的环形沟和田间沟。环形沟和田间沟面积共占稻田总面积的10%左右，环形沟宽1.5米左右、深1.5米左右，田间沟沟宽和沟深均为50厘米，并与环形沟相通。利用开挖环形沟的泥土加宽、加高、加固田埂，田埂加高、加宽时，每加一层泥土都要进行夯实，以防雨水冲垮田埂，确保堤埂不开裂、不漏水，以增强田埂的保水性能和防逃能力。改造后的田埂，应高出稻田平面50厘米以上，埂面宽80厘米左右。②完善进排水系统。设置进水口、排水口和溢水管各一处。进水口建在田埂上，排水口建在沟渠最低处，由PVC弯管控制水位，能排干田间所有的水。与此同时，管口均用细密铁丝网拦截，排水管平时封住。③设置防逃设施。防逃设施可使用水泥瓦和木桩等材料建造，将水泥瓦埋入田埂上方内侧泥土中25厘米左右，露出地面50厘米左右，然后每间隔1米左右用木桩固定。如果采用专用塑料薄膜防逃网，可选择工程塑料或聚乙烯网片加薄膜，在田埂四周上方内侧建高约50厘米的防逃网，并在防逃网顶端缝宽约10厘米的塑料薄膜即可，主要防止小龙虾沿防逃网攀爬外逃。

2.放养前的准备

（1）田间沟消毒。环形沟挖成后，在苗种投放前10～15天，每亩用生石灰100千克对水成石灰乳泼洒全田进行消毒，以杀灭沟内敌害生物和致病菌，预防虾、鳅的疾病发生。

（2）移栽水生植物。移栽水生植物是稻田养殖小龙虾的关键所在，俗话说"虾多少，看水草"，蕴藏着深刻的道理。在围沟内栽植轮叶黑藻、伊乐藻、竹叶眼子菜等水生植物，或在沟边种植空心莲子草，但要控制水草的面积，一般水草面积占水面总面积的40%左右，以零星分布为好，不要聚集在一起，透光性好，同时以利于渠道内水流畅通无阻，能及时对稻田进行灌溉。

（3）施基肥。放养泥鳅前，先将田水退到稻田周边的环形沟内，暴晒田块3～4天。然后结合整田，每亩田块施用腐熟农家有机肥300千克左右，使用机械翻动土壤，使土壤和肥料能均匀混合。随后，田块仍需暴晒4～5天，以便于农家肥快速腐烂分解，待土壤充分吸收后，再蓄水种稻和放养泥鳅种苗。在水位退到稻田周边的环形沟，保持田块无水层时，若发现小龙虾出现异常反应，要及时恢复稻田水位。

（4）投放螺蛳。每亩投放螺蛳100千克左右，使其在稻田中自然繁殖，既为小龙虾持续提供优质的天然饵料，又可净化水质。

### 3.水稻栽培与管理

混养虾、鳅稻田的水稻栽培与管理和稻-鱼-虾综合种养模式基本相同，同时可参考"稻-小龙虾生产矛盾关键问题的解决"。

### 4.放养苗种

品种的优劣直接影响养殖水产品产量的高低和质量的好坏。因此，应选择具有生长快、繁殖力强、抗病性强的小龙虾和泥鳅苗种。

（1）放养小龙虾。初次混养虾、鳅的稻田，一般在4月上旬每亩投放体长3～5厘米的虾苗60千克左右。或者每年8～9月，每亩按质量要求投放30克/只以上的优质亲虾25千克左右，以亲虾自然繁殖的虾苗作为翌年的虾种。小龙虾若留种自繁，则在7月捕捞时，采取"捕小留大、捕雄留雌"的原则，翌年3月视虾苗多少决定是否补投。以稻田天然饵料和投喂饵料两者相结合的方式提高小龙虾的产量。

（2）放养泥鳅。泥鳅苗种最好是来源于泥鳅原种场或是从天然水域捕捞的，要求体质健壮、规格整齐、体表光滑、无病无伤，以泥鳅夏花或大规格鳅种为宜，不可投放泥鳅水花，其成活率很低。放养时间一般在水稻插秧后10～15天，此时稻田的秧苗已成活返青，饵料生物逐渐丰富。一般每亩放养规格为3～5克/条的泥鳅苗种1.5万～2万条。放养前用3%食盐水溶液浸泡5～10分钟，消毒后入田。不同泥鳅苗种放养密度有所差别，为了确保产量和效益，一般根据鳅种的规格作适当调整。

### 5.饵料投喂

饵料投喂分为两个阶段，第一阶段为泥鳅放养前，主要投喂小龙虾饵料；第二阶段为泥鳅放养后，开始投喂泥鳅的饵料，不必单独投喂小龙虾饵料。值得借鉴的经验是：对于从市场上购买的小龙虾、泥鳅苗种，在投放稻田之前，投喂一次水蚯蚓活饵料，使小龙虾、泥鳅提前开口摄食，恢复体质，可以显著提高活率。

（1）小龙虾饵料投喂。小龙虾投喂方法与稻-虾共作种养模式相同，同时可参考"小龙虾田间生产管理技术"部分。

（2）泥鳅饵料投喂。泥鳅苗种放养一周内一般不用投喂饵料。一周后，每隔3～4天投喂一次，将饵料撒在环形沟内和田面上，以后逐渐缩小范围，集中在环形沟内投喂。一个月后，泥鳅正常吃食时，一般每天上午、下午各投喂一次，人工投喂的饲料可为豆饼、蚕蛹粉、田螺及屠宰场下脚料、菜籽饼和麸皮等。7～8月是泥鳅生长的旺季，饲料投喂以15%蚕蛹粉、10%肉骨粉、25%豆饼的配比为宜，投喂量为泥鳅总重量的3%～5%。9～10月以植物性饲料如麸皮、米糠等为主，投喂量为泥鳅总重量的2%～4%。早春和秋末投喂量为泥鳅总重量的2%左右。具体根据泥鳅取食情况灵活掌握，一般每次投饵后，以1～2小时基本吃完为宜。

### 6.日常管理

（1）水位调控。混养虾、鳅的稻田水位调控极为重要。稻田的实际水位一般控制在10厘米以上，并且适时加入新水，一般每隔15天加水一次，夏天高温季节应适当加深水位，并增加换水频率。

（2）病害防治。由于泥鳅适宜于水田养殖，在养殖过程中一般没有疾病发生。为防止病害发生，每月用呋喃酮药饵10～20克，配50千克饵料投喂2～3天，每月用生石灰10～15千克/亩化水后全田泼洒。

（3）巡田。每日早晚各巡田一次，检查防逃设施，特别是在雨天应注意仔细检查是否有洞，防止天敌入侵（如水蛇、水老鼠、水鸟等），观察水体颜色，以及虾、鳅的活动和摄食情况。

### 7.收获与效益

（1）小龙虾捕捞。小龙虾的捕捞与稻-虾共作模式相同，但在捕捞小龙虾时，往往也会捕捞到泥鳅，要及时将泥鳅放回稻田，并筛选出受伤后行动不便的泥鳅。

（2）泥鳅捕捞。泥鳅因潜伏于泥土中生活，捕捞难度较大。根据泥鳅在不同季节的生活习性特点，一般采取以下方法进行收获。①10月初，使用带有动物内脏的地笼网进行网捕。②水稻收割前两周，冬季在稻田里泥层较深处事先堆放数堆猪粪、牛粪作堆肥，引诱泥鳅集中于粪堆内进行多次捕捞。③春季将出水口打开装上竹篓，泥鳅自然会随水进入其中。④秋季将田里水全部排干重晒，晒至田面硬皮为度，然后灌入一层薄水，待泥鳅大量从泥中出来后进行网捕。以上方法中，最省时省力、操作方便的办法还是用地笼网进行网捕。

（3）效益分析。以湖北省黄梅县志清泥鳅繁育养殖合作社稻-虾-鳅种养模式为例，其生产成本来源于水稻种植成本700元/亩（种子、肥料、机械等成本）、小龙虾苗种成本480元/亩（亩放15千克，32元/千克）、泥鳅苗种成本500元/亩（亩投放5 000尾，0.1元/尾）、饲料投入成本1 560元/亩（动物内脏和糠饼等）、土地流转成本550元/亩等，共投入3 790元/亩；收益来源于稻谷收益1 650元/亩（亩产550千克，3元/千克）、小龙虾和泥鳅共收益10 160元/亩（小龙虾亩产约90千克，泥鳅亩产约150千克），总收入11 810元/亩，最终实现收益8 020元/亩。

## （五）稻-虾-蟹综合种养技术

稻-虾-蟹综合种养模式是在稻-虾共作和稻-蟹共作的基础上拓展而来的。稻田混养虾、蟹是近几年发展起来的一种新兴水产养殖业。虾、蟹的生活习性和养殖条件基本相同，但虾、蟹的生长旺季却有所不同，适宜小龙虾生长时间一般在4～6月，在6～7月就陆续出售，剩下的部分可作为种虾繁育翌年的虾苗，而适宜中华绒螯蟹生长时间一般在6～10月，出售时间基本在10月以后，虾、蟹在生长时间上可以兼顾。相比单一养殖品种，虾、蟹混养更好地利用了土地资源、水体资源和空间资源。虾、蟹混养模式可使稻田少施化肥、少施或不施农药，提高了稻田的综合利用率，增加了稻田单位面积产出。稻-虾-蟹综合种养技术流程见图28。

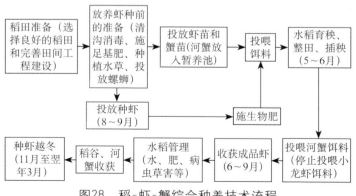

图28　稻-虾-蟹综合种养技术流程

## 1.稻田准备

（1）稻田的选择。选择水源充足、水质良好、远离污染源、进排水方便、土壤保水性好、保肥能力强、受旱涝灾害影响较小的田块，面积至少5亩以上，以10～15亩为一个养殖单元。以稻田集中连片最好，这样便于统一安排生产，便于管理，节约成本。

（2）田间工程建设。混养虾、蟹的稻田田间工程建设包括开挖环形沟、田间沟、暂养池、进排水系统设置和防逃设施建设等。

开挖养殖沟：沿稻田田埂内侧1.0米处开挖供虾、蟹活动、觅食和栖息的环形沟，环形沟宽1.5米左右，沟深0.5～0.8米。在环形沟内侧的稻田开挖田间沟，与环形沟相通，沟宽0.5米、深0.6米左右，形状可为"十"字形或"井"字形。暂养池一般在田角处开挖，池长10～15米、宽2～3米、深1米左右，用于种苗和成蟹起捕前的暂养。一般环形沟、田间沟和暂养池的总面积占稻田总面积的10%～30%。加固、加高、加宽田埂。利用开挖的环形沟、田间沟和暂养池的泥土加固、加高、加宽田埂。田埂加固、加高、加宽时，每加一层泥土都要进行夯实，确保堤埂不漏水、不开裂，以增强田埂的保水性能和防逃能力，并防止小龙虾打洞和雨水长期冲刷导致田埂垮塌。改造后的田埂，应高出稻田平面0.6米以上，埂面宽1米左右，堤埂坡度比为1 :（1.5～3）。

完善进排水系统：混养虾、蟹的稻田进水渠最好单独设置，与其他农用田分开，在稻田进水口用20～30目聚乙烯网扎紧，防止小杂鱼、有害生物等入侵。排水口与进水口成对角设置，排水渠建在田埂最低处，可排干稻田所有水，在排水口用20～30目聚乙烯网扎紧，防止虾、蟹外逃。一般用PVC弯管来控制水位，可排干稻田所有积水。

防逃设施建设：为防止虾、蟹外逃及水蛇和水老鼠等进入稻田为害虾、蟹，稻田要建立完善的防逃设施。具体方法是，先在田埂上挖深20厘米左右的沟，沟向稻田倾斜45°～50°，这样防逃膜才更具张力，更牢固。将高度适中的竹竿插在田埂上，深度为25厘米左右，竹竿与竹竿间距1米左右，用尼龙绳将每根竹竿连接。防逃膜底部放在沟底，用土掩埋，轻踩至完全与原地面平行或略高，防逃墙高60厘米左右。用细铁丝将防逃膜与竹竿连接处绑牢。为提高防逃网的使用寿命，要选质量优、抗老化、抗风寒的防逃网。

### 2.放养前的准备

（1）清沟消毒。初次混养虾鳝的稻田，田间工程改造完成后，清理环形沟内的浮土，筑牢田埂沟壁。放养小龙虾的前两周，每亩用生石灰溶液75千克左右泼洒环形沟及田块，或选用漂白粉溶液消毒，以杀灭野杂鱼类、敌害生物和致病菌等。

（2）施足基肥。放养小龙虾前一周，使稻田环形沟内水深保持在30厘米左右，然后施用基肥培养饵料生物。一般结合整田过程，每亩稻田均匀施入腐熟农家肥300～500千克，农家肥肥效慢，肥效持续时间长，施用后对小龙虾和河蟹的生长无影响，还可以减少后期追肥的次数和数量，因此最好施用腐熟农家肥，一次施足，长期有效。

（3）移栽水生植物。在稻田环形沟底层种植沉水植物，如伊乐藻、轮叶黑藻、眼子菜、菹草、水芹等，同时搭配一定的浮水植物，如空心莲子草、浮萍等，水草可为小龙虾和河蟹营造良好的栖息环境，并为小龙虾和河蟹提供食物来源，还可以改良水质。但要控制好水草的面积，一般水草移栽面积占环形沟面积的50%～60%，以零星分布为好，不可聚集在一起，这样有利于环形沟内水流畅通。

（4）投放螺蛳。每亩投放经过初步筛选的螺蛳150千克左右，使其在稻田中自然繁殖，即为小龙虾持续提供优质的天然饵料，又可净化水质。

### 3.水稻栽培

稻-虾-蟹综合种养的水稻栽培与管理和稻-鱼-虾综合种养模式基本相同，同时还可参考"稻-小龙虾生产矛盾关键问题的解决"。

### 4.放养苗种

（1）放养小龙虾。初次混养虾、蟹的稻田，一般在4月初每亩投放体长为3～5厘米的虾苗1万尾左右。或者每年8～9月，每亩投放30克/只以上的优质亲虾25千克左右，以亲虾自然繁殖的虾苗作为翌年的虾种。小龙虾若留种自繁，则后期捕捞时，采取"捕小留大、捕雄留雌"的原则，翌年3月视虾苗情况是否补投。以稻田食物和投喂饵料相结合的方式提高小龙虾的产量。

（2）放养蟹种。每年3～4月选择规格整齐、体格健壮、无残缺无伤病的蟹种，每亩投放100～160只/千克扣蟹400～600只，一般以长江的河蟹苗种为宜。放养前要筛选出早熟的蟹种，因为早熟蟹种性腺已经成熟，不会再蜕壳生长，没有养殖的价值。判别蟹种早熟的技巧是：早熟母蟹肚脐盖满，肚脐四周长有许多毛，颜色比较深黑；公蟹步足上刚毛粗、长、密，外生殖器尖长。蟹种放养前用3%～5%食盐水溶液浸浴5～10分钟或20毫克/升的高锰酸钾溶液浸浴10～15分钟。若扣蟹经过长途运输到基地后，须先进行缓冲处理，方法是将蟹种先放在水中浸泡2分钟，然后离水4分钟，再放到水中浸浴2分钟，如此重复2～3遍，然后进行消毒，在放入暂养池内暂养。蟹种在稻田暂养池内暂养的密度不超过2 000只/亩，强化饲养管理，待水稻秧苗返青后加深田水，让蟹进入稻田生长。

5.投喂饵料

小龙虾和河蟹食性接近。蟹种在暂养池暂养期间，在环形沟和田间沟以投喂小龙虾饵料为主，一般饵料量按稻田存虾总重量的5%～8%投喂，其他时期可按蟹种投喂方式投喂。

（1）暂养池中蟹种投喂饵料。暂养阶段的蟹种体质较弱，抵抗能力弱，一定要及时投喂营养丰富、容易消化的饵料，如粗蛋白质为40%的配合颗粒饲料，颗粒饲料在水中的稳定性至少4小时以上，常规饲料如玉米、麦麸等要煮熟后投喂，最好搭配切碎的新鲜野杂鱼，严禁投喂腐烂变质的臭鱼或动物下脚料，每天傍晚定点投喂。

（2）稻田蟹种投喂。自然状态下河蟹可摄食水中嫩草、螺蛳、小杂鱼等生物。稻田养殖河蟹因天然饵料不足必须人工投喂饵料。科学投饵，坚持"五定"原则，即定季节、定时、定点、定质、定量。①定季节。4～5月河蟹放养不久，为提高体质，以投喂精饲料为主，并做到精、鲜、细，参照暂养池的喂养方法。6～8月是河蟹蜕壳的旺季，食量大，以青饲料为主，要求投喂青饲料占饲料总量的70%左右。9～10月是河蟹肥育期，要以精饲料为主，提高成蟹品质。②定时。河蟹的摄食强度随季节、水温的变化而变化。春夏两季水温上升15℃以上时，河蟹摄食能力增加，每天投喂1～2次，投喂一般选择在傍晚。15℃以下时，可隔日或数日投喂一次。③定点。养成河蟹定点吃食的习惯，既可节省饲料，又可观察虾、蟹吃食、活动等情况。一般每亩选择5个左右的投饵点。④定质。要坚持精饲料、青饲料和动物性饲料合理搭配。精饲料为玉米、麦麸、豆饼和颗粒饲料；青饲料主要是河蟹喜食的水草、瓜类等；动物性饲料为小杂鱼、动物内脏下脚料，冰冻新鲜的动物性饲料必须煮熟。⑤定量。投喂动物性饵料占蟹总重量的3%～5%，植物性饵料占蟹总重量的7%～10%，每次投饵前要检查上次投饵吃食情况，灵活掌握投喂量。

### 6.田间管理

（1）晒田。稻谷晒田宜轻晒，不能完全将田水排干。水位降低到田面露出即可，而且时间不宜过长。晒田时小龙虾和河蟹进入环形沟内，如发现小龙虾和河蟹有异常反应时，要立即注入新水，提高水位。

（2）追肥。稻田整地时，基肥应施足。后期由于小龙虾和河蟹排泄的粪便，也可为水稻的生长提供营养物质，一般不需追肥。但当水稻出现脱肥时，就要及时追肥，可施用生物复合肥或已腐熟的有机肥，追施的肥料要对小龙虾和河蟹无害，但切忌施用碳酸氢铵或氨态类肥料。追肥时最好先排浅田水，让虾、蟹退到环形沟中，便于追施的肥料迅速沉积于底层田泥中，并被田泥和水稻吸收，随即恢复至正常水位。

（3）水质调控。水质好坏直接影响小龙虾和河蟹的摄食、生长及疾病的发生。河蟹对水体氧量要求较高，因此稻田要定期注入新水或交换新水，一次换水量一般为整个养殖水体总量的1/3。高温季节每天都需要换水，注水多选择在上午进行，中午最好不要突然注水，以免温差过大造成虾、蟹不适而死亡。每15～20天泼洒生石灰一次，既能防病，又能保证水体富含钙质，并使水体pH维持在7.2左右，这样的水质条件适合虾、蟹的生长，同时保证水体中优良的藻相、菌相及相互平衡，保持水质稳定、清爽，理化指标正常。

（4）定期消毒，预防疾病。每隔15～20天每亩用生石灰15千克对水成石灰乳，泼洒养殖沟进行消毒。定期在100千克饲料中添加土霉素和复合维生素8克，连喂3～5天。在河蟹蜕壳期前，在饲料中添加2%蜕壳素投喂2天。如若发现虾、蟹发病，要及时找到发病根源，及时治疗，同时清除患病的虾、蟹。

（5）巡田与设置防逃设施。混养虾、蟹的稻田要有专人看管，在田边设置看管棚，配置手电筒等工具，每天坚持巡田2～3次。巡田时检查防护设施是否牢固，防逃设施是否损坏，观察水体变化和虾、蟹吃食情况，还要检查田埂是否有漏洞，防止漏水和逃虾。稻田混养虾、蟹，其敌害主要有水蛇、水老鼠和一些水鸟等，用捕杀水蛇和水老鼠的设备对其进行诱捕，在田边设置一些彩条、光盘或驱鸟器，恐吓、驱赶水鸟。

## 7.收获与效益

（1）小龙虾捕捞。小龙虾的生长速度较快，经过1～2个月的稻田饲养，小龙虾规格达30克/只以上时，即可捕捞上市。对达到规格的成虾要及时捕捞，以增加虾、蟹生长空间和利于稻田食物高效分配，有利于加速其他虾、蟹生长，同时获得更高的经济效益。小龙虾的捕捞多用地笼网张捕，捕捞时采取捕大留小的原则，以夜间昏暗时捕捞为好。为了提高捕捞效果，每张地笼网在连续张捕5天后，就要取出放在太阳下暴晒一两天，然后换个地方重新下笼，这样效果更好。捕捞后期，如果每次的捕捞量非常少，可停止捕捞。

（2）河蟹捕捞。河蟹捕捞方法一般有干塘捕蟹、地笼网捕蟹和灯光诱捕等方法。①干田排水捕蟹。把稻田水排干，使河蟹集中在蟹坑中捕捞；也可在出水口处设置拦网，由于河蟹会随水流自行上网，这时可在网上取蟹；也可在养殖沟干涸时捕捉蟹，此种方法会影响小龙虾的生长，不建议采用此种方法。②地笼网捕蟹。将地笼网放置沟中数小时后取捕一次即可，或在当天晚上放置，翌日清晨便可取蟹，此种方法操作简单方便，省时省力，也减少对虾、蟹生长的干扰。③灯光诱捕。由于河蟹具有趋光性，捕捞少量河蟹，可以在田口一角设置电灯，利用灯光诱集，待河蟹夜晚上岸活动，聚集在灯光下时，再进行捕捞，如在灯下挖数个小坑，坑中放入铁桶或网布，河蟹爬向灯光处，而误入坑内，提起铁桶或网布，即可捕获河蟹。

（3）效益分析。正常情况下，当年每亩可收获优质稻谷450千克、大规格河蟹30千克、小龙虾50千克，纯利润4 500元/亩以上。

## （六）稻-鳖-虾-鱼综合种养技术

稻-鳖-虾-鱼综合种养模式是在稻-鳖共作、稻-

虾共作和稻 - 鱼共作基础上拓展而来的，所不同的是，稻田混养鳖、虾、鱼的模式中鳖是主养对象，而小龙虾和鱼是配养对象。根据鳖、虾、鱼的生活习性，进行合理搭配，可以充分利用它们在空间上和食物上的互补，实现种植与养殖的最大耦合，使有限的土地资源和水体资源发挥最大的生产潜力。鳖是杂食性，以肉食为主，习惯于水底生活。小龙虾也是杂食性，以植物性饲料为主，白天多隐藏在水中较深处或隐蔽物中，很少出来活动，晚上开始活跃起来，多聚集在浅水边爬行觅食。配养的鱼种是鲢鳙鱼，它们生活在水体的上层，通常用鳃耙滤食水中浮游动物和浮游植物。稻田混养鳖、虾、鱼有多层好处，鳖的透气活动增加了水体氧交换的频率，也可摄食病虾和病鱼，减少病害的交叉感染，配养的鲢鳙鱼可净化水质，混养鳖、虾、鱼还可以提高饲料利用率。

### 1.稻田准备

（1）稻田的选择。选择水源充足、水质良好、远离污染源、进排水方便、土壤保水性好、保肥能力强、受旱涝灾害影响较小的田块。稻田集中连片更好，这样便于统一安排生产，便于管理，节约成本，以8～12亩稻田作为一个养殖单位为宜。

（2）稻田工程改造。

开挖养殖沟：沿稻田田埂内侧开挖供鳖、虾和鱼活动、觅食、避暑和避旱的环形沟，环形沟离田埂2米左右，沟宽2～3米、深0.6～1米，成块面积较大的田块还可在中间开挖稍浅些的"十"字形或"井"字形的田间沟，沟宽1～1.2米、深0.6米左右，并与环形沟相通。开挖的养殖沟的面积占稻田总面积的10%左右。利用开挖环形沟的泥土加宽、加高、加固田埂，田埂向内倾斜成坡，坡度以45°为宜。田埂加高、加宽时，将泥土打紧夯实，确保堤埂能够长期经受雨水冲刷，同时不裂、不跨、不漏水，以增强田埂的保水和防逃能力。改造后的田埂要高出田块0.6米以上，埂面宽1.2米左右。

完善进排水系统：混养鳖、虾、鱼的稻田应建有完善的进排水系统，以保证稻田"旱能灌，雨不涝"。进排水系统的建设应根据开挖环形沟综合考虑，一般进水口和排水口设置成对角，进水口建在田埂上，排水口建在沟渠最低处，由PVC弯管控制水位，能排干田间所有的水。与此同时，进水口要用20～30目的不锈钢网片过滤进水，以防敌害生物随水流进入。排水口用栅栏和20～30目不锈钢铁丝网围住，栅栏在前，不锈钢丝网在后，防止鳖、鱼、虾逃逸或有害生物进入。

设置防逃设施：鳖的防逃设施建议所用材料为石棉瓦、石柱和铁管，首先将石棉瓦埋入田埂泥土中20～30厘米，露出地面90～100厘米，然后将石柱紧靠石棉瓦的内侧埋入田埂泥土中25～35厘米，露出地面的高度与石棉瓦相当，每隔70～100厘米放置一根石柱，最后用直径5厘米左右的空心铁管沿石棉瓦内外两侧将其与石柱固定。稻田四角转弯处的防逃墙做成弧形，以防止鳖沿夹角攀爬外逃。

晒台、饵料台设置：参考稻-鳖-虾综合种养技术。

### 2.放养前的准备

稻-鳖-虾-鱼综合种养的清沟消毒、施用基肥、移栽水草和投放螺蛳等方法与稻-虾-蟹综合种养模式部分基本相同。

### 3.水稻栽培与管理

稻-鳖-虾-鱼综合种养的水稻栽培与管理和稻-鱼-虾综合种养模式基本相同，同时还可参考"稻-小龙虾生产矛盾关键问题的解决"。

### 4.放养苗种

（1）放养鳖种。稻田养鳖对鳖品种的选择要求较高，品种的优劣决定了售卖价值。应选择纯正的中华鳖，该品种的优点是生长快、抗病能力强、适应性强、品质好、经济价值较高，投放的中华鳖要求规格整齐、体健无伤、不带病原。放养前用3%食盐水溶液浸泡10分钟进行消毒处理，防止鳖带菌入田。鳖种来源不同其投放时间也不同，一般土池培育的鳖种应在5月中下旬的晴天进行投放，温室培育的幼鳖应在6月中下旬进行投放，此时稻田的水温基本可以稳定在25℃左右，对鳖的生长和提高成活率十分有利。

鳖的放养密度由其规格来决定的，一般可分为两类：① 小规格放养密度：幼鳖规格为100 ~ 150克/只，放养密度为200 ~ 250只/亩。② 大规格放养密度：幼鳖规格为250 ~ 500克/只，放养密度为80 ~ 100只/亩。

　　鳖有自相残杀的习性，因此鳖种必须雌雄分开养殖，尤其是在食物不足的情况下，这样可最大程度避免鳖种之间的自相残杀、撕咬打斗，以提高鳖种的成活率，由于雄鳖比雌鳖生长速度快且售价更高，有条件的地方建议全部投放雄幼鳖。

　　（2）放养虾种。虾种的投放规格、方法基本与稻-虾共作模式相同，但投放密度有所不同。一般在3 ~ 4月，每亩投放体长为3 ~ 5厘米或200 ~ 400只/千克的虾种40 ~ 50千克。虾种一方面可以作为鳖的鲜活饵料，另一方面，在饵料充足的情况下，经过2个月左右的人工饲养，虾种即可养成规格为30 ~ 40克/只的成虾进入市场销售，效益可观。或在8 ~ 9月，每亩投放种虾20 ~ 30千克，种虾经过3个月左右的饲养，虾苗即可自由摄食与生活，或进入冬眠期，翌年3 ~ 4月，稻田水温升至20℃左右时，稻田中水生浮游动物和植物开始迅速繁殖，虾种也从越冬洞穴中出来觅食，稻田中的虾种得到补充，此种投放方式最为简单易行、经济实惠。

　　（3）鱼种投放。选择规格整体、无病无伤、耐高温、适应浅水且来源方便的鱼种，一般在每年6月左右水稻移栽返青后，在沟内放养体长为3 ~ 5厘米白鲢夏花80 ~ 100尾/亩，还可以投放鲫鱼夏花20 ~ 30尾/亩，在调节水质的作用下，可充分利用稻田水体空间和饵料资源。

5.饵料投喂

稻田混养的小龙虾和鱼类以稻田里的浮游动植物和鳖摄食后的残剩饵料为食，不必专门投饵，因此稻田混养鳖、虾、鱼主要以投喂鳖的饵料为主。鳖虽为杂食性动物，但以肉食为主，为了促进鳖的生长和提高鳖的品质，以投喂动物性饲料为主，主要为动物内脏、小鱼、小虾等。日投喂量每亩约2千克，每天9：00左右和18：00将饲料切碎或绞碎后进行投喂，一般以90分钟左右吃完为宜，具体的投喂量视天气、水温、活饵料（螺蛳、小龙虾）和饵料剩余等情况而定。当水温降至18℃以下时，可以停止饵料投喂。

6.日常管理

（1）水分调节。①水位调控。除水稻移栽时外，一般稻田的水位须一直保持在田面以上，水稻生长前期水位高于田面约5厘米，待水稻生长约30天后将水位升至15厘米左右，并保持至水稻收割，待水稻收割后再将水位升至30厘米左右，并保持到翌年水稻移栽。②水质调节。水温一般不宜超过35℃，每隔一周左右换水一次，换水量为总量的1/5，每隔20天左右用生石灰对水成石灰乳全田泼洒进行消毒，一般每亩洒施10千克左右。

（2）巡田。每天巡田 2 ~ 3 次，检查虾、鳖的进食情况，并及时清除残渣剩饵、生物尸体和养殖沟内的漂浮物。检查防逃设施是否完好，并及时修护破损的地方。观察水体颜色和闻水体的气味，一旦有异，及时消毒换水。

7.收获与效益

（1）小龙虾的捕捞。经过 2 个月的饲养，6 月初，一部分小龙虾就能够达到商品规格，即可捕捞上市出售，未达到规格的继续留在稻田内养殖。小龙虾捕捞的方法采用虾笼、地笼起捕效果较好，但虾入口尽量选择鳖无法进入的。

（2）鳖的捕捞。一般鳖体重达到 1 ~ 1.5 千克时，即可捕捞上市销售。捕捉稻田养殖鳖的最好的办法是用地笼网捕捉，将地笼网放进稻田鳖沟中，拉直地笼网，保证地笼网入口沉入水中，且地笼网上部高出水面 3 ~ 7 厘米，将地笼网两端牢固固定。

（3）鱼的捕捞。用密网捕捞，一般可全部捕尽，捕捞后要进行全田清查。

（4）效益分析。以湖北省麻城市岐亭镇吴益山村的稻-鳖-虾-鱼综合种养为例，在该模式下流转稻田 126 亩，总投资 60 万元。当年投放虾苗 2 000 千克、150 克的鳖苗 21 500 只、600 克左右的大鳖 2 500 只，种植优质水稻 75 亩。年底收入情况是：成虾产量 0.8 万千克，产值 16 万元；鳖产量 0.2 万千克，产值 32 万元；堤埂种植花灌木树苗 1 万株，产值 5 万元；其他套养水产品（鲫鱼、花白鲢等）5万元；收获稻谷4.05万千克（亩产321千克），生产优质稻米2.4万千克，产值28.8万元。实现综合产值86.8万元，利润26.8万元。

## （七）稻-虾-蟹-鱼综合种养技术

稻-虾-蟹-鱼综合种养技术是稻-虾共作、稻-蟹共作和稻-鱼共作的一种拓展技术，所不同的是，该种养模式中虾、蟹是主养对象，鱼是配养对象。利用虾、蟹生活习性和养殖条件的相似，以及虾、蟹的生长旺季的不同，适宜小龙虾生长的时间一般在4～6月，在6月初就陆续捕捞出售，剩下可作为种虾进行自繁，留存作翌年的种苗，而适宜中华绒螯蟹的生长时间一般在6～10月，出售时间基本在10月以后，因而两者在生长时间上可以兼顾，比单一养殖品种生产更好地利用了水体。配养的鱼种生活在水体的上层，通常用鳃耙滤食水中浮游动物和浮游植物，同时起到净化水质的作用。稻-虾-蟹-鱼综合种养模式可使稻田少施肥、少施或不施农药，提高了稻田的综合利用率，进而增加稻田单位面积产出。

### 1.稻田准备

稻-虾-蟹-鱼综合种养的稻田环境条件、工程建设与稻-虾-蟹综合种养模式基本相同。

## 2.放养前的准备

稻-虾-蟹-鱼综合种养的稻田清沟消毒、施用基肥、移栽水草和投放有益生物与稻-虾-蟹综合种养模式基本相同。

## 3.水稻栽培与管理

稻-虾-蟹-鱼综合种养的水稻栽培与管理和稻-鱼-虾综合种养模式基本相同，同时还可参考"稻-小龙虾生产矛盾关键问题的解决"。

## 4.放养苗种

（1）放养小龙虾。

放养虾苗模式：对于初次放养小龙虾的稻田，在当年的3月中下旬，一般选择晴天早晨、傍晚或阴雨天放养虾苗，此时水温稳定，有利于小龙虾适应新的环境。在放养前要进行缓苗处理，操作要点是采用"三浸三出"的放养技术，即由于脱水后的小龙虾虾壳内充满空气，需用少量水浸泡2分钟再脱水1分钟，如此重复3次可将虾壳中空气排出，提高成活率，此方法一般限于脱水1～2小时的小龙虾。同时，用3%食盐水溶液浸浴10分钟，防止小龙虾带菌入田。往稻田环形沟中投放离开母体、体长为3～5厘米的幼虾1万尾左右。放养的幼虾要尽可能整齐，并一次性放足。

放养种虾模式：同稻-鱼-虾综合种养技术中的放养种虾模式。

（2）放养蟹种。每年3～4月选择规格整齐、体格健壮、无残缺无伤病的蟹种，每亩投放100～160只/千克扣蟹200～300只，一般以长江的河蟹苗种为宜。放养前要筛选出早熟的蟹种，因为早熟蟹种性腺已经成熟，不会再蜕壳生长，没有养殖的价值了。判别蟹种成熟的技巧是：早熟母蟹肚脐盖满，肚脐四周长有许多毛，颜色比较深黑；公蟹步足上刚毛粗、长、密，外生殖器尖长。蟹种放养前用3%～4%的食盐水溶液浸浴5～10分钟或放在20毫克/升的高锰酸钾溶液中浸浴10～15分钟。若扣蟹经过长途运输到基地后，须先进行缓冲处理，方法是将蟹种先放在水中浸泡2分钟，然后离水4分钟，再放到水中浸2分钟，如此重复2～3遍，然后进行消毒，在放入暂养池内暂养。蟹种在稻田暂养池内暂养的密度不超过2 000只/亩，强化饲养管理，待水稻秧苗返青后加深田水，让蟹进入稻田生长。

（3）放养鱼种。移栽水稻秧苗返青后，每亩投放体长为3～5厘米的异育银鲫中科3号80～100尾、规格为100克/尾左右的鲢鳙鱼30尾。

### 5.饵料投喂

稻-虾-蟹-鱼综合种养中，放养的鱼种与小龙虾和河蟹具有相似的食性，除可利用稻田中天然饵料外，还可摄食虾、蟹的饵料，因此不必单独投放鱼的饵料。小龙虾和河蟹的饵料投喂与稻-虾-蟹综合种养模式基本相同。

### 6.日常管理

每天对稻田进行2～3次定时的巡查，检查虾、蟹的进食情况，及时清除残渣剩饵、生物尸体和环形沟内的漂浮物。检查防逃设施是否完好，及时修护。日常管理具体操作可详见"稻-虾-蟹综合种养技术"部分。

### 7.收获与效益

采用地笼捕捞小龙虾，但要留足翌年的亲虾，然后再给稻田灌水，让亲虾正常越冬。水稻收割后，排浅稻田积水，采用地笼捕捞，将河蟹全部捕起，并将小龙虾放回稻田。采用放水接鱼或放置渔网方式将鱼捕尽。

每亩可收获优质稻谷450千克，售价6元/千克；规格为125克/只的河蟹30千克，售价150元/千克；小龙虾50千克，售价40元/千克；成鱼25千克，售价20～30元/千克。纯利润达到5 000元/亩左右。

图书在版编目（CIP）数据

稻-小龙虾综合种养新技术 / 陈灿，黄璜主编．—
北京：中国农业出版社，2021.3
（农业生态实用技术丛书）
ISBN 978－7－109－24750－5

Ⅰ．①稻…　Ⅱ．①陈…②黄…　Ⅲ．①稻田-龙虾科
-淡水养殖　Ⅳ．①S966.12

中国版本图书馆CIP数据核字（2018）第238221号

---

中国农业出版社出版
地址：北京市朝阳区麦子店街18号楼
邮编：100125
责任编辑：张德君　李　晶　司雪飞　　文字编辑：丁晓六
版式设计：韩小丽　　责任校对：吴丽婷
印刷：北京通州皇家印刷厂
版次：2021年3月第1版
印次：2021年3月北京第1次印刷
发行：新华书店北京发行所
开本：880mm×1230mm　1/32
印张：7.75
字数：155千字
定价：62.00元